Lecture Notes in Mathematics

A collection of informal reports and seminars
Edited by A. Dold, Heidelberg and B. Eckmann, Zürich

Series: Mathematisches Institut der Universität Erlangen-Nürnberg
Advisers: H. Bauer and K. Jacobs

65

Dietrich Kölzow

Mathematisches Institut der Universität
Erlangen-Nürnberg

Differentiation von Maßen

Habilitationsschrift, Saarbrücken 1967

1968

Springer-Verlag Berlin · Heidelberg · New York

Library of Congress Catalog Card Number 68 - 55621. Title No. 3671

Meinem verehrten Lehrer, Herrn Professor Dr. Willi Rinow,
zum sechzigsten Geburtstag, am 28. Februar 1967, gewidmet.

Einleitung

Die Differentiationstheorie für Maße enthält bekanntlich einen globalen und einen punktualen Zweig. Im globalen Zweig wird die Ableitung durch Integrationsbedingungen, im punktualen Zweig hingegen durch Differentiationsbedingungen bezüglich einer Ableitungsbasis definiert.

Der globale Zweig erfuhr durch die Resultate von SEGAL [23] eine weitgehende Abrundung, indem dieser für die Gültigkeit des Hauptsatzes dieses Zweiges, des Satzes von RADON-NIKODYM, eine Reihe von hinreichenden und notwendigen Bedingungen angab. Im Anschluß hieran brachten ZAANEN [24] und KELLEY [11] weitere Charakterisierungen dieses Satzes, allerdings mit etwas anderen Ableitungsbegriffen.

In dieser Arbeit wird auf zwei der SEGALschen Bedingungen Bezug genommen, nämlich auf eine Endlichkeitsbedingung und auf ein Lokalisationsprinzip.

Ein Maßraum genügt der SEGALschen Endlichkeitsbedingung, wenn er isomorph einem Maßraum ist, der seinerseits direkte Summe von endlichen Maßräumen ist. Hierbei bedeutet Isomorphie von zwei Maßräumen, daß ihre Maßringe, das sind die Restklassenverbände der meßbaren Mengen nach den lokalen Nullmengen, isomorph sind.

Für einen Maßraum gilt das SEGALsche Lokalisationsprinzip, wenn zu jedem bedingten σ-Ideal $\mathfrak{l}$ summierbarer Mengen, grob gesprochen, eine meßbare Approximierende $E_{\mathfrak{l}}$ für die Vereinigung der Mengen aus $\mathfrak{l}$ existiert.

Der punktuale Zweig erhielt durch de POSSEL [20] eine abstrakte, das heißt, von topologischen Begriffen freie Begründung. Diese abstrakte Theorie wurde von HAUPT und PAUC weiterentwickelt (siehe HAUPT-AUMANN-PAUC [8], Bd. III, und die dort angegebene Literatur). Hierbei erwies sich die Frage nach der Existenz einer schwachen oder einer starken VITALIschen Ableitungsbasis als entscheidend für die Anwendbarkeit.

Die de POSSELsche Theorie setzt die totale σ-Endlichkeit des Maßraumes voraus. Der einzige wesentliche Grund hierfür ist der, die Gültigkeit des Satzes von RADON-NIKODYM zu sichern. Die ganze Theorie läßt sich nämlich auch unter der alleinigen Voraussetzung dieses Satzes durchführen. Hierfür ist es nur nötig, alles lokal, das heißt, mit den lokalen an Stelle der gewöhnlichen Nullmengen zu formulieren.

Aus diesem Grunde wäre es wünschenswert, die Existenz von VITALIschen Ableitungsbasen unter ähnlich allgemeinen Voraussetzungen beweisen zu können, wie solchen, welche für die Gültigkeit des Satzes von RADON-NIKODYM charakteristisch sind, also zum Beispiel unter der SEGALschen Endlichkeitsbedingung.

Die vorhandenen hinreichenden Bedingungen für die Existenz von VITALIschen Ableitungsbasen enthalten alle die totale σ-Endlichkeit und noch zusätzliche Voraussetzungen topologischer oder abstrakter Art (siehe HAUPT-AUMANN-PAUC [8], Bd. III, 9.3.).

In dieser Arbeit wird eine Reihe von hinreichend und notwendigen Bedingungen für die Existenz von VITALIschen Ableitungsbasen angegeben. Unter diesen befindet sich auch eine Endlichkeitsbedingung, welche die Existenz einer sogenannten Zerlegung fordert, und schon in [13] untersucht wurde *). Sie besagt, daß der Maßraum bis auf eine lokale Nullmenge direkte Summe von endlichen Maßräumen sei, ist also schwächer als die totale σ-Endlichkeit und impliziert andererseits die SEGALsche Endlichkeitsbedingung. Daher folgt aus der Existenz einer VITALIschen Ableitungsbasis die Gültigkeit des Satzes von RADON-NIKODYM.

Es entsteht also die Frage, welche weitergehenden Konsequenzen die Existenz von VITALIschen Ableitungsbasen für die globale Theorie hat. Diese Frage wird in der Form beantwortet, daß für den Satz von RADON-NIKODYM wie auch für das SEGALsche Lokalisationsprinzip Verschärfungen angegeben werden, welche zur Existenz von VITALIschen Ableitungsbasen äquivalent sind.

Die Verschärfung des SEGALschen Lokalisationsprinzips besteht in der Monotoniebedingung, daß eine solche Lokalisation $\iota \to E_\iota$ existiere, wofür gilt

$$E_{\iota_1} \subseteq E_{\iota_2}, \text{ wenn } \iota_1 \subseteq \iota_2.$$

Es läßt sich zeigen, daß diese Verschärfung der Existenz einer Zerlegung äquivalent ist.

*) DINCULEANU [6] nennt sie "direct sum property".

Für den Satz von RADON-NIKODYM werden zwei Verschärfungen angegeben: Die eine besteht ebenfalls in einer Monotoniebedingung: Zu jedem stetigen Maß ψ existiere eine solche Ableitung f_ψ, daß gilt

$$f_{\psi_1} \leq f_{\psi_2}, \text{ wenn } \psi_1 \leq \psi_2.$$

Diese Bedingung erweist sich als äquivalent mit der monotonen Verschärfung des SEGALschen Lokalisationsprinzips, also auch mit der Existenz einer Zerlegung. Die andere Verschärfung besteht in folgender Linearitätsbedingung: Zu jedem stetigen Maß ψ existiere eine solche Ableitung f_ψ, daß gilt

$$f_\psi = \alpha_1 f_{\psi_1} + \alpha_2 f_{\psi_2}, \text{ wenn } \psi = \alpha_1\psi_1 + \alpha_2\psi_2, \text{ wobei } \alpha_1, \alpha_2 \in R^+.$$

Eine solche lineare Differentiation $\psi \to f_\psi$ ist auch monoton. Aus der Existenz einer monotonen Differentiation folgt aber auch die Existenz einer linearen Differentiation (die jedoch mit der gegebenen monotonen nicht identisch zu sein braucht). Also ist auch die lineare Verschärfung des Satzes von RADON-NIKODYM mit allen vorher genannten Bedingungen äquivalent.

Auch für den Satz von RIESZ ergeben die Monotonie-, die Linearitäts- und eine Isometriebedingung den obigen Aussagen äquivalente Verschärfungen. Für den Satz von DUNFORD-PETTIS gilt Entsprechendes ebenfalls mit der Linearitäts- und der bekannten Isometriebedingung.

Das wichtigste Hilfsmittel für den Nachweis der Äquivalenz der genannten Aussagen ist, neben dem SEGALschen Lokalisationsprinzip, das von NEUMANNsche Lifting. Hierbei handelt es sich, kategorisch ausgedrückt, um einen Schnitt des kanonischen Homomorphismus der BOOLEschen Algebra $\mathfrak{m}$ der meßbaren Mengen eines Maßraumes in die BOOLEsche Restklassenalgebra von $\mathfrak{m}$ nach dem Ideal der lokalen Nullmengen des Maßraumes. Von NEUMANN [18] bewies die Existenz eines solchen Liftings zunächst für das LEBESGUEsche Maß auf dem Einheitsintervall der reellen Zahlen. MAHARAM [16] bewies dann die Existenz eines Liftings für jeden vollständigen endlichen Maßraum. IONESCU-TULCEA [9] gaben hierfür einen neuen Beweis und folgerten die Existenz eines Liftings für jedes reguläre BORELsche Maß auf einem lokal kompakten Raum, unter Benutzung der Zerlegungseigenschaft dieser Maße. Es läßt sich nun zeigen (RYAN [21]), daß ein Maßraum (welcher gleich seiner CARATHÉODORYschen Erweiterung ist) genau dann ein Lifting besitzt, wenn er eine Zerlegung hat.

Eine einfache Anwendung des Liftings auf die Differentiation wird ermöglicht durch den Übergang zu einem Lifting l auf dem System der meßbaren Funktionen: Ist nämlich $\phi \to f_\phi$ eine beliebige Differentiation, so wird durch

$$\phi \to l(f_\phi)$$

eine lineare und monotone Differentiation definiert. Diese Überlegung läßt sich noch präzisieren: Die monotone Verschärfung des Satzes von RADON-NIKODYM gilt genau dann, wenn der Satz von RADON-NIKODYM schlechthin gilt und ein sogenanntes monotones Lifting existiert. Zur Unterscheidung vom monotonen Lifting wird das von NEUMANNsche Lifting in dieser Arbeit lineares Lifting genannt. Für die Gültigkeit der linearen Verschärfung des Satzes von RADON-NIKODYM ist die Existenz eines (linearen) Liftings allein schon hinreichend und notwendig; denn aus der Existenz eines Liftings folgt die Zerlegungseigenschaft und hieraus die Gültigkeit des Satzes von RADON-NIKODYM.

Die erste Anwendung des von NEUMANNschen Liftings auf die Differentiationstheorie machte DIEUDONNÉ [4], [5] bei seiner Untersuchung des Satzes von DUNFORD-PETTIS, indem er die Voraussetzung der Separabilität des zugrundegelegten BANACHraumes durch die Voraussetzung eines Liftings in $\mathfrak{L}^\infty$ ersetzte und zeigte, daß die Existenz eines solchen Liftings mit der Gültigkeit des durch die Isometriebedingung verschärften Satzes von DUNFORD-PETTIS sogar äquivalent ist (vergleiche BOURBAKI [3], chap. VI, sowie IONESCU-TULCEA [9] und [10]). Letztere zeigten, daß im Falle des BOURBAKI-Integrals über einem RADONschen Maße stets ein solches Lifting existiert, hier also der Satz von DUNFORD-PETTIS mit der Isometriebedingung gilt.

Den ersten Hinweis auf einen Zusammenhang zwischen Liftings und VITALIschen Ableitungsbasen liefert bereits der Beweis des von NEUMANNschen Liftingsatzes. Dort wird nämlich wesentlich vom Dichtesatz für die klassische Ableitungsbasis der Intervalle Gebrauch gemacht. Nach de POSSEL gilt aber für eine Ableitungsbasis der Dichtesatz (lokal) genau dann, wenn diese eine schwache

VITALIsche Ableitungsbasis ist. Diese Tatsache ergibt, in Verbindung mit einem einschlägigen Liftingsatz für BOOLEsche Algebren, den von NEUMANN und STONE [19] bewiesen, daß die Existenz einer schwachen VITALIschen Ableitungsbasis allein schon hinreichend für die Existenz eines Liftings ist.

Hiervon wird auch die Umkehrung bewiesen: Aus der Existenz eines Liftings folgt die Existenz sogar einer starken VITALIschen Ableitungsbasis.

Also sind für einen Maßraum die Existenz einer Zerlegung, die Existenz eines Liftings, die Existenz einer schwachen oder einer starken VITALIschen Ableitungsbasis und die Gültigkeit der genannten Verschärfungen des SEGALschen Lokalisationsprinzips sowie der Sätze von RADON-NIKODYM, DUNFORD-PETTIS und RIESZ äquivalente Aussagen.

Für die Konstruktion einer starken VITALIschen Ableitungsbasis mit Hilfe eines Liftings wird ein Satz von MAHARAM [16] für liftingsinvariante meßbare Mengen benutzt, welcher besagt, daß die Vereinigung beliebig vieler solcher Mengen meßbar ist. Dieser Satz wird zunächst zum Beweis eines Überdeckungssatzes vom LINDELÖFschen Typ für jene Mengen verwendet. Hierfür diente ein entsprechender Überdeckungssatz für das (abstrakte) BOURBAKI-Integral als Vorbild, den der Verfasser in [14] bewies.

Der Satz von MAHARAM und der Überdeckungssatz ermöglichen außerdem einen anschaulichen Beweis des SEGALschen Lokalisationsprinzips mit Hilfe eines Liftings: Bezeichnet L die durch ein Lifting gegebene Abbildung des Systems der meßbaren Mengen in sich, so sei jedem bedingten σ-Ideal $\mathfrak{l}$ summierbarer Mengen als Lokalisierende die Menge

$$E_{\mathfrak{l}} = \cup \{ L(I) : I \in \mathfrak{l} \}$$

zugeordnet. Hierdurch wird eine Lokalisation definiert, die auch monoton ist. In dieser Form findet das SEGALsche Lokalisationsprinzip übrigens implizite auch Anwendung in dem Existenzbeweis von IONESCU-TULCEA [9] für das Lifting.

Der Satz von MAHARAM wurde von IONESCU-TULCEA [10] auf Funktionen erweitert und dadurch ergänzt, daß sie die Stetigkeit des wesentlichen Integrals für gerichtete Familien liftinginvarianter meßbarer Funktionen nachwiesen.

Diese Resultate von MAHARAM und IONESCU-TULCEA sowie die geschilderte Lokalisation ermöglichen es schließlich, mit Hilfe eines Liftings eine einfache Konstruktion für die Ableitung endlicher stetiger Maße anzugeben, welche der Monotonie- und der Linearitätsbedingung genügt. Die Konstruktion ist der von LEPTIN [15] verwandt.

Im zweiten Teil der Arbeit wird der Begriff der Ableitung näher untersucht. Dem ersten Teil liegt, in Übereinstimmung mit SEGAL [23], kurz gesagt, folgender zugrunde: Eine meßbare Funktion $f \geqq 0$ heißt eine Ableitung des Maßes ψ nach dem Maß φ, wenn

$$\text{(I)} \qquad \psi(M) = \overline{\int_M} f \, d\varphi$$

für jede φ-summierbare Menge M gilt**). Wenn (I) sogar für jede meßbare Menge M gilt, so wird f eine reguläre Ableitung von ψ nach φ genannt. Das bekannte Beispiel von SAKS [22] zeigt, daß nicht jede Ableitung regulär ist. Eine reguläre Ableitung f von ψ nach φ genügt den beiden Forderungen:

(II) Für jede meßbare Menge M folgt aus der φ-Summierbarkeit von $f\chi_M$, daß M ψ-summierbar ist und (I) gilt.

(III) Für jede ψ-summierbare Menge M ist $f\chi_M$ φ-summierbar, und (I) gilt.

Für eine Ableitung f von ψ nach φ lassen sich diese beiden Bedingungen wie folgt charakterisieren: Für Bedingung (II) ist hinreichend und notwendig, daß f bis auf eine ψ-Nullmenge positiv ist. Für Bedingung (III) erweist sich folgende Dichtheitsrelation als charakteristisch:

Zu jeder ψ-summierbaren Menge S gibt es abzählbar viele φ-summierbare Mengen S_n, so daß $S - \bigcup S_n$ eine ψ-Nullmenge ist und f hierauf verschwindet.

Der Regularität sowie jeder der Bedingungen (II) und (III) entspricht wieder eine Verschärfung des Satzes von RADON-NIKODYM, was in dieser Arbeit aber nicht weiter verfolgt wird.

Im dritten Teil der Arbeit werden die Spezialfälle des STONE-Integrals, des BOURBAKI-Integrals, des wesentlichen Maßes und des zu einem STONE- oder zu einem BOURBAKI-Integral gehörigen wesentlichen Integrals untersucht.

**) Hierbei bedeute $\overline{\int}$ das obere Integral. Die genaue Definition der Ableitung wird in § 1 gegeben.

Bei dem STONE-Integral und dem BOURBAKI-Integral bezieht sich der Begriff der Ableitung stets auf Funktionale Φ und Ψ auf einem gemeinsamen Definitionsbereich $\mathfrak{B}$ von Funktionen, dessen Vervollständigung bezüglich der Φ- oder der Ψ-Halbnorm die Φ- beziehungsweise die Ψ-summierbaren Funktionen liefert.

Diese Besonderheit hat zur Folge, daß im Falle des STONE-Integrals jede Ableitung f von Ψ nach Φ die obige Dichtheitsrelation und deshalb die (III) entsprechende Bedingung erfüllt. Im Falle des BOURBAKI-Integrals ist, wegen der Verwendung von gerichteten Familien statt gewöhnlicher Folgen bei der Vervollständigung von $\mathfrak{B}$, mit dem entsprechenden Sachverhalt nicht zu rechnen.

Dieser Unterschied zwischen STONE- und BOURBAKI-Integral ist aber insofern nicht wesentlich, als er für die zu den beiden gehörigen wesentlichen Integrale nicht vorhanden ist. Vielmehr erweist sich hierfür jede Ableitung sogar als regulär.

Dafür zeigt sich hier aber ein anderer Unterschied: Im Falle des STONE-Integrals ist eine Funktion f eine Ableitung von Ψ nach Φ genau dann, wenn f eine Ableitung des zu Ψ gehörigen wesentlichen Integrals nach dem zu Φ gehörigen wesentlichen Integral ist. Entsprechendes ist im Falle des BOURBAKI-Integrals nicht zu erwarten.

Die Eigentümlichkeit des Ableitungsbegriffs bei dem STONE- und dem BOURBAKI-Integral wirft weiter die Frage nach dem Zusammenhang mit den zugehörigen Maßen auf.

Zu dem Funktional Φ, nach welchem differenziert wird, gehört ein eindeutig bestimmtes Maß φ, so daß die Integralerweiterung von Φ mit der von φ übereinstimmt.

Nun läßt sich in beiden Fällen zeigen, daß für Φ der Satz von RADON-NIKODYM (monoton und linear) genau dann gilt, wenn dasselbe für φ zutrifft. Für das BOURBAKI-Integral ist hierbei der Schluß von φ auf Φ wichtig ***). Denn in diesem Falle besitzt φ eine Zerlegung. Also gilt nach dem ersten Teil der Arbeit für φ der Satz von RADON-NIKODYM monoton und linear und somit für Φ ebenfalls.

***) Diese Richtung wird auch nur bewiesen. Die andere Richtung folgt mit Hilfe des in [12] durchgeführten Überganges von dem Ausgangssystem $\mathfrak{B}$ zu einem äquivalenten System $\overline{\mathfrak{B}}$, so daß für jedes φ-stetige Maß ψ jede Funktion aus $\overline{\mathfrak{B}}$ ψ-summierbar und das ψ-Integral stetig im Sinne von BOURBAKI auf $\overline{\mathfrak{B}}$ ist.

Bei dem wesentlichen Integral, welches zu einem BOURBAKI-Integral gehört, liegen die Verhältnisse ähnlich, weshalb auch hierfür der Satz von RADON-NIKODYM monoton und linear gilt. Hierbei wird benutzt, daß mit einem Maß auch stets das zugehörige wesentliche Maß eine Zerlegung besitzt.

Im Gegensatz zum BOURBAKI-Integral besitzt das zu einem STONE-Integral gehörige Maß im allgemeinen keine Zerlegung. Auch gilt hierfür der Satz von RADON-NIKODYM nicht allgemein.

Herrn Professor H. KÖNIG dankt der Verfasser herzlich für sein anhaltendes förderndes Interesse an dieser Arbeit.

Ebenso möchte der Verfasser Herrn Professor O. HAUPT, Herrn Professor H. BAUER und Herrn Professor D. PUPPE für die Aufmerksamkeit danken, welche sie diesen Untersuchungen entgegenbrachten.

INHALTSVERZEICHNIS

Bezeichnungen und Grundbegriffe

Es bezeichne R die Menge der reellen Zahlen, $\bar{R}$ die Menge $R \cup \{-\infty, +\infty\}$ und P die Menge der rationalen Zahlen.

Für einen positiven Maßraum $\underline{M} = (E, \mathfrak{m}, \varphi)$ sei

$\mathfrak{s} = \mathfrak{s}_\varphi = \{ S \in \mathfrak{m} : \varphi(S) < +\infty \}$ das System der summierbaren Mengen,

$\mathfrak{s}^+ = \mathfrak{s}^+_\varphi = \{ S \in \mathfrak{s} : \varphi(S) > 0 \}$,

$\mathfrak{n} = \mathfrak{n}_\varphi = \{ N \in \mathfrak{m} : \varphi(N) = 0 \}$ das System der Nullmengen,

$\mathfrak{n}_l = \mathfrak{n}_{l,\varphi} = \{ N \in \mathfrak{m} : N \cap S \in \mathfrak{n}$ für jedes $S \in \mathfrak{s} \}$ das System der lokalen Nullmengen,

$\mathfrak{M}$ das System der ($\mathfrak{m}$-) meßbaren Funktionen aus $\bar{R}^E$,

$\mathfrak{L}^\infty = \mathfrak{L}^\infty(\underline{M})$ das System der bis auf eine Menge aus $\mathfrak{n}_l$ beschränkten Funktionen aus $\mathfrak{M}$,

$L^\infty = L^\infty(\underline{M})$ das Restklassensystem von $\mathfrak{L}^\infty$ nach dem System der lokalen Nullfunktionen, also derjenigen Funktionen aus $\bar{R}^E$, die außerhalb einer Menge aus $\mathfrak{n}_l$ verschwinden, versehen mit der wesentlichen Maximum-Norm,

$\mathfrak{L}^1 = \mathfrak{L}^1(\underline{M})$ das System der summierbaren Funktionen,

$L^1 = L^1(\underline{M})$ das Restklassensystem von $\mathfrak{L}^1$ nach dem System der Nullfunktionen, versehen mit der üblichen Norm $\| \, \|_1$,

$f \to \hat{f}$ die kanonische Abbildung von $\mathfrak{L}^\infty$ auf L^∞ oder die kanonische Abbildung von $\mathfrak{L}^1$ auf L^1,

$\bar{\varphi}$ die zu φ gehörige äußere Maßfunktion,

$\bar{\mathfrak{m}}$ das System der bezüglich $\bar{\varphi}$ im Sinne von CARATHÉODORY meßbaren Mengen,

$\bar{\underline{M}} = (E, \bar{\mathfrak{m}}, \bar{\varphi})$ die CARATHÉODORYsche Erweiterung von $\underline{M}$.

Hilfssatz 1. a) Der Maßraum $(E, \mathfrak{m}, \varphi)$ ist gleich seiner CARATHÉODORYschen Erweiterung genau dann, wenn er vollständig ist und

$$\mathfrak{m} = \{ M \subseteq E : M \cap S \in \mathfrak{m} \text{ für jedes } S \in \mathfrak{s} \}$$

gilt.

b) Ist der Maßraum $\underline{M} = (E, \mathfrak{m}, \varphi)$ gleich seiner CARATHÉODORYschen Erweiterung, so liegt jede Teilmenge einer lokalen Nullmenge von

$\underline{M}$ in $\mathfrak{m}$, ist also wieder eine lokale Nullmenge von $\underline{M}$.

Die Behauptung a) wurde schon in [12] benutzt. Die Behauptung b) folgt aus der Behauptung a).

Generalvoraussetzung. Jeder der betrachteten Maßräume sei gleich seiner CARATHÉODORYschen Erweiterung, mit Ausnahme derjenigen aus § 18, und für jeden Maßraum sei die Grundmenge leer, wenn sie eine lokale Nullmenge ist.

Für eine Teilmenge A der Menge E und ein System $\mathfrak{b}$ aus Teilmengen von E sei

$$\mathfrak{b} \cap A = \{ B \cap A : B \in \mathfrak{b} \}, \quad \mathfrak{b} \subseteq A = \{ B \in \mathfrak{b} : B \subseteq A \},$$

$$\bigcup \mathfrak{b} = \{ x \in E : x \in B \text{ für ein } B \in \mathfrak{b} \}$$

und

$$\bigcap \mathfrak{b} = \{ x \in E : x \in B \text{ für alle } B \in \mathfrak{b} \}.$$

Die übrigen Definitionen werden an Ort und Stelle gegeben.

Teil I. DIFFERENTIATION UND LIFTINGS

§ 1. Satz von RADON-NIKODYM und Zerlegung

Definition. Ist $(E, \mathfrak{m}, \varphi)$ ein Maßraum und ψ ein ebenfalls auf $\mathfrak{m}$ definiertes Maß, so heißt ψ φ-stetig, wenn jede φ-Nullmenge eine ψ-Nullmenge ist.

Hilfssatz 2. Für ein φ-stetiges Maß ψ gilt

$$(1) \qquad \psi = \sup_n \min(n\varphi, \psi).$$

Beweis indirekt. Annahme, es existiert ein φ-stetiges Maß ψ, wofür (1) nicht gilt. Dann gibt es ein meßbares M, so daß

$$\psi(M) > \sup_n \min(n\varphi(M), \psi(M))$$

gilt. Weil φ und ψ nicht negativ sind, muß $\psi(M) > 0$ sein. Andererseits würde aus $\varphi(M) > 0$ folgen, daß

$$\psi(M) = \sup_n \min(n\varphi(M), \psi(M))$$

gilt. Also muß $\varphi(M) = 0$ sein. Die Beziehungen $\varphi(M) = 0$ und $\psi(M) > 0$ stehen aber zur vorausgesetzten φ-Stetigkeit von ψ im Widerspruch [1].

Definition. Für einen Maßraum $(E, \mathfrak{m}, \varphi)$ und ein Maß ψ auf $\mathfrak{m}$ heißt eine Funktion $f \in \bar{R}^E$ eine Ableitung von ψ nach φ, wenn sie nicht negativ und meßbar ist und wenn für jede φ-summierbare Menge $S \subseteq E$ gilt

(2) $f\chi_S$ ist φ-summierbar genau dann, wenn S ψ-summierbar ist. Und wenn S ψ-summierbar ist, so gilt $\psi(S) = \int_S f d\varphi$.

Besitzt ψ eine Ableitung nach φ, so heißt ψ nach φ differenzierbar.

Hilfssatz 3. Für einen Maßraum $(E, \mathfrak{m}, \varphi)$ seien ψ und ψ' Maße auf $\mathfrak{m}$, welche beide nach φ differenzierbar sind, und wofür $\psi \leq \psi'$ gilt.

---

[1] Es gilt auch die Umkehrung. Für den Fall des BOURBAKI-Integrals über einem RADONschen Maß bewies dies BOURBAKI [3], chap.V, § 5, n°5, th.2.

Behauptungen. a) Das Maß ψ ist φ-stetig.

b) Für jede Ableitung f von ψ nach φ und jede φ-summierbare Funktion g gilt

(2') fg ist φ-summierbar genau dann, wenn g ψ-summierbar ist. Und wenn g ψ-summierbar ist, so gilt $\int g\, d\psi = \int fg\, d\varphi$.

c) Sind f_1 und f_2 beides Ableitungen von ψ nach φ, so gilt

(3) $f_1 = f_2$ bis auf eine lokale φ-Nullmenge.

d) Ist f_1 eine Ableitung von ψ nach φ und gilt für $f_2 \geqq 0$ die Beziehung (3), so ist auch f_2 eine Ableitung von ψ nach φ.

e) Ist f eine Ableitung von ψ nach φ und f' eine Ableitung von ψ' nach φ, so gilt

$f \leqq f'$ bis auf eine lokale φ-Nullmenge.

f) Wenn $\psi \leqq c\varphi$ gilt, so folgt für jede Ableitung f von ψ nach φ, daß

$f \leqq c$ bis auf eine lokale φ-Nullmenge

gilt.

Der Beweis von a) folgt unmittelbar aus (2).

Beweis von b). Die Behauptung gilt wegen (2) für alle g, welche charakteristische Funktionen sind. Hieraus folgt die Behauptung für alle g der Gestalt

(4) $\sum_{\nu=1}^{n} c_\nu \chi_{S_\nu}$, wobei $c_\nu \in R^+$ und S_ν φ-summierbar für $\nu = 1,\dots,n$.

Nun sei g eine beliebige nicht negative φ-summierbare Funktion. Dann existiert bekanntlich eine monoton wachsende Folge (g_n) von Funktionen der Gestalt (4), so daß

$$g_n \leqq g \quad \text{und} \quad \lim_n \int g_n\, d\varphi = \int g\, d\varphi$$

gilt. Hieraus folgt einerseits wegen $f \geqq 0$, daß

$$0 \leqq fg_n \leqq fg_{n+1} \leqq fg$$

gilt, andererseits, daß (g_n) bis auf eine φ-Nullmenge gegen g konvergiert. Wegen Behauptung a) gilt letzteres also auch bis auf eine ψ-Nullmenge. Mit Hilfe dieser Beziehungen folgt nun die Behauptung für g, weil sie für alle g_n gilt. Für ein beliebiges φ-summierbares g folgt die Behauptung nun durch Übergang zu Positiv- und Negativteil.

Beweis von c). Es seien f_1 und f_2 Ableitungen von ψ nach φ. Für jede natürliche Zahl n und i = 1,2 sei

$$N_{i,n} = \{n - 1 \leq f_i < n\}.$$

Dann gilt

$$(5)\quad \{f_1 < f_2\} = \bigsqcup_{n,m} N_{1,n} \cap N_{2,m} \cap \{f_1 < f_2\} \cup \bigsqcup_{n} N_{1,n} \cap \{f_2 = \infty\}.$$

Annahme. $\{f_1 \neq f_2\}$ ist keine lokale φ-Nullmenge. Dann existiert eine φ-summierbare Menge $S \subseteq \{f_1 \neq f_2\}$, wofür $\varphi(S) > 0$ gilt. Daher kann ohne Beschränkung der Allgemeinheit angenommen werden, daß $\varphi(S \cap \{f_1 < f_2\}) > 0$ gilt. Wegen (5) existiert daher entweder ein Paar n,m natürlicher Zahlen, so daß für

$$S_0 = S \cap N_{1,n} \cap N_{2,m} \cap \{f_1 < f_2\}$$

gilt $\varphi(S_0) > 0$ oder es existiert eine natürliche Zahl n_∞, so daß für

$$S_\infty = S \cap N_{1,n_\infty} \cap \{f_2 = \infty\}$$

gilt $\varphi(S_\infty) > 0$. Im ersten Falle folgt aus der Beschränktheit von f_1 und f_2 auf S_0, daß $f_1 \chi_{S_0}$ und $f_2 \cdot \chi_{S_0}$ φ-summierbar sind. Entsprechend (2) folgt hieraus, daß

$$\int_{S_0} f_1 \, d\varphi = \psi(S_0) = \int_{S_0} f_2 \, d\varphi$$

gilt. Dies steht im Widerspruch dazu, daß $\varphi(S_0) > 0$ und $f_1 < f_2$ auf S_0 gilt.

Im zweiten Falle folgt aus $\varphi(S_\infty) > 0$, daß $f_2 \cdot \chi_{S_\infty}$ nicht φ-summierbar ist. Entsprechend (2) folgt hieraus, daß $\psi(S_\infty) = \infty$ gilt. Andererseits folgt aus der Beschränktheit von f_1 auf S_∞, daß $f_1 \chi_{S_\infty}$ φ-summierbar ist. Entsprechend (2) folgt hieraus, daß $\psi(S_\infty) < \infty$ gilt - Widerspruch.

Der Beweis von Behauptung e) kann indirekt ganz analog dem von Behauptung c) geführt werden.

Der Beweis der Behauptungen d) und f) ist evident.

Hilfssatz 4. Ist (ψ_n) eine monoton wachsende Folge von Maßen, welche alle nach dem Maß φ differenzierbar sind, dann ist das Maß $\sup \psi_n$ ebenfalls nach φ differenzierbar. Ist ferner f_n eine beliebige Ableitung von ψ_n nach φ für jedes n, so ist $\sup_n f_n$ eine Ableitung von $\sup_n \psi_n$ nach φ.

Beweis. Die Folgen (ψ_n) und (f_n) mögen die Voraussetzungen des Satzes erfüllen. Dann ist mit den f_n auch $f = \sup_n f_n$ nicht negativ und meßbar. Aus $\psi_n \leq \psi_{n+1}$ folgt nach Hilfssatz 3, daß

(6) $\qquad f_n \leq f_{n+1}$ bis auf eine lokale φ-Nullmenge

gilt. Nun sei S eine beliebige φ-summierbare Menge. Weil f_n eine Ableitung von ψ_n nach φ ist, gilt entsprechend (2)

(7) $\left.\begin{array}{l} f_n\chi_S \text{ ist } \varphi\text{-summierbar genau dann, wenn } \psi_n(S) < \infty. \\ \text{Wenn } \psi_n(S) < \infty, \text{ so gilt } \psi_n(S) = \int_S f_n \, d\varphi. \end{array}\right\}$ für jedes n.

Aus (6) und (7) folgt, daß für $\psi = \sup_n \psi_n$ und $f = \sup_n f_n$ die Bedingung (2) für jedes φ-summierbare S erfüllt ist, was zu zeigen war.

<u>Hilfssatz 5</u>. Ist für einen Maßraum $(E, \mathfrak{m}, \varphi)$ jedes Maß ψ auf $\mathfrak{m}$, wofür $\psi \leq c\varphi$ gilt, nach φ differenzierbar, so ist jedes φ-stetige Maß nach φ differenzierbar.

Beweis. Es sei für den Maßraum $(E, \mathfrak{m}, \varphi)$ die Voraussetzung des Satzes erfüllt und ψ ein φ-stetiges Maß auf $\mathfrak{m}$. Nach Hilfssatz 2 gilt $\psi = \sup_n \psi_n$ für $\psi_n = \min(n\varphi, \psi)$. Wegen $\psi_n \leq n\varphi$ ist nach Voraussetzung ψ_n nach φ differenzierbar. Aus Hilfssatz 4 folgt, daß ψ nach φ differenzierbar ist.

<u>Definition</u>. Für einen Maßraum $(E, \mathfrak{m}, \varphi)$ gilt der <u>Satz von RADON-NIKODYM</u>, wenn jedes φ-stetige Maß nach φ differenzierbar ist.

<u>Definition</u>. Eine <u>Zerlegung</u> für einen Maßraum $(E, \mathfrak{m}, \varphi)$ ist ein System $\mathfrak{z}$ von paarweise disjunkten Mengen aus $\mathfrak{m}^+$, so daß zu jedem $S \in \mathfrak{m}^+$ ein $Z \in \mathfrak{z}$ mit $\varphi(S \cap Z) > 0$ existiert.

<u>Hilfssatz 6</u>. Für jede Zerlegung $\mathfrak{z}$ eines Maßraumes $(E, \mathfrak{m}, \varphi)$ gilt:

a) Zu jedem $S \in \mathfrak{m}$ existieren höchstens abzählbar viele $Z_n \in \mathfrak{z}$ mit $\varphi(S \cap Z_n) > 0$, und für diese Z_n gilt $\varphi(S - \bigcup_n Z_n) = 0$.

b) Eine Menge $M \subseteq E$ liegt in $\mathfrak{m}$ genau dann, wenn $M \cap Z \in \mathfrak{m}$ für jedes $Z \in \mathfrak{z}$ gilt.

b') Eine Funktion $f \in \bar{R}^E$ liegt in $\mathfrak{M}$ genau dann, wenn $f\chi_Z \in \mathfrak{M}$ für jedes $Z \in \mathfrak{z}$ gilt.

c) Eine Menge $M \subseteq E$ liegt in $\mathfrak{n}_l$ genau dann, wenn $M \cap Z \in \mathfrak{n}$ für jedes $Z \in \mathfrak{z}$ gilt.

Der Beweis von a) ist evident. Aus a) folgt b) auf Grund von Hilfssatz 1. Aus b) folgt b'). Aus a) und b) folgt c).

Satz 1. Besitzt ein Maßraum eine Zerlegung, so gilt für ihn der Satz von RADON-NIKODYM.

Beweis. Es sei $\mathfrak{z}$ eine Zerlegung des Maßraumes $\underline{M} = (E, \mathfrak{m}, \varphi)$. Entsprechend Hilfssatz 5 sei ψ ein Maß auf $\mathfrak{m}$, wofür $\psi \leq c\varphi$ gilt. Nun sei $Z \in \mathfrak{z}$ beliebig. Es bezeichne $\underline{M}_Z$ die Einschränkung von $\underline{M}$ auf Z sowie φ_Z und ψ_Z die Einschränkung von φ und ψ auf $\mathfrak{m} \cap Z$. Dann ist ψ_Z ein Maß auf $\mathfrak{m} \cap Z$, wofür $\psi_Z \leq c\varphi_Z$ gilt. Daher ist mit φ_Z auch ψ_Z endlich. Nach dem klassischen Satz von RADON-NIKODYM ist ψ_Z nach φ_Z differenzierbar. Es sei f_Z eine Ableitung von ψ_Z nach φ_Z und hiermit

$$f = \begin{cases} f_Z \text{ auf } Z \\ 0 \text{ auf } E - \cup\, \mathfrak{z}. \end{cases}$$

Behauptung. f ist eine Ableitung von ψ nach φ.

Beweis. Mit den f_Z ist f nicht negativ und nach Hilfssatz 6 meßbar. Es sei $S \in \mathfrak{s}$ beliebig. Nach Hilfssatz 6 existieren abzählbar viele $Z_n \in \mathfrak{z}$ mit $\varphi(S - \bigcup_n Z_n) = 0$. Wegen $\psi \leq c\varphi$ folgt hieraus, daß $\psi(S - \bigcup_n Z_n) = 0$ gilt. Nun folgt Bedingung (2) ohne weiteres.

Satz 1 läßt sich auch leicht aus den Resultaten von SEGAL [23] und ZAANEN [24] herleiten, nur nicht so direkt.

Frage 1. Ist die Existenz einer Zerlegung für die Gültigkeit des Satzes von RADON-NIKODYM auch notwendig?

Da der Satz von RADON-NIKODYM der SEGALschen Endlichkeitsbedingung äquivalent ist, ist diese Frage gleichwertig mit

Frage 1'. Folgt aus der SEGALschen Endlichkeitsbedingung die Existenz einer Zerlegung?

Diese Frage bleibt offen. Vergleiche jedoch die Sätze 3,4 und 8.

§ 2. Das SEGALsche Lokalisationsprinzip

Definition. Für einen Maßraum $\underline{M} = (E, \mathfrak{m}, \varphi)$ führte SEGAL [23] folgende Begriffe ein:

1. Ein System $\mathfrak{i} \subseteq \mathfrak{s}$ heißt ein bedingtes σ-Ideal summierbarer Mengen, wenn gilt:

(8) Aus $M \in \mathfrak{m}$, $M \subseteq I$ und $I \in \mathfrak{i}$ folgt $M \in \mathfrak{i}$.

und

(9) Aus $I_n \in \mathfrak{i}$ für n=1,2,... und $\bigcup_n I_n \in \mathfrak{s}$ folgt $\bigcup_n I_n \in \mathfrak{i}$.

2. Ein System $\mathfrak{i} \subseteq \mathfrak{s}$ heißt durch eine Menge $E_{\mathfrak{i}} \in \mathfrak{m}$ lokalisiert, wenn gilt:

(10) $\varphi(I - E_{\mathfrak{i}}) = 0$ für jedes $I \in \mathfrak{i}$.

(11) Zu jedem $S \in \mathfrak{s} \subseteq E_{\mathfrak{i}}$ existiert ein $I \in \mathfrak{i} \subseteq S$, so daß $\varphi(S - I) = 0$ gilt.

3. Für den Maßraum $\underline{M}$ gilt das SEGALsche Lokalisationsprinzip, wenn jedes bedingte σ-Ideal $\mathfrak{i}$ summierbarer Mengen von $\underline{M}$ durch eine meßbare Menge $E_{\mathfrak{i}}$ von $\underline{M}$ lokalisiert wird.

Die Zuordnung $\mathfrak{i} \to E_{\mathfrak{i}}$ heißt eine Lokalisation für $\underline{M}$.

Hilfssatz 7. Sind $\mathfrak{i}_1$ und $\mathfrak{i}_2$ bedingte σ-Ideale summierbarer Mengen des Maßraumes $(E, \mathfrak{m}, \varphi)$ und wird $\mathfrak{i}_1$ durch $E_1 \in \mathfrak{m}$ sowie $\mathfrak{i}_2$ durch $E_2 \in \mathfrak{m}$ lokalisiert, dann gilt:

a) Wenn $\mathfrak{i}_1 \subseteq \mathfrak{i}_2$, dann folgt $E_1 - E_2 \in \mathfrak{n}_l$.

b) Wenn für eine Menge $E^1 \in \mathfrak{m}$ die symmetrische Differenz $E^1 \Delta E_1$ in $\mathfrak{n}_l$ liegt, dann wird $\mathfrak{i}_1$ auch durch E^1 lokalisiert.

c) Wenn $\mathfrak{z}$ ein beliebiges Teilsystem von $\mathfrak{m}$ und

$$\mathfrak{i}_1 = \{S \in \mathfrak{s} : \varphi(S \cap Z) = 0 \text{ für jedes } Z \in \mathfrak{z}\},$$

dann gilt $Z \cap E_1 \in \mathfrak{n}_l$ für jedes $Z \in \mathfrak{z}$.

Beweis von a). Es sei $\mathfrak{i}_1 \subseteq \mathfrak{i}_2$ und $S\in\mathfrak{s}\subseteq(E_1-E_2)$ beliebig. Dann existiert ein $I\in\mathfrak{i}_1\subseteq S$, so daß $S-I\in\mathfrak{n}$ gilt. Wegen $I\in\mathfrak{i}_2$ gilt $I-E_2\in\mathfrak{n}$. Weil aber I zu E_2 disjunkt ist, folgt, daß I und damit auch S in $\mathfrak{n}$ liegt.

Beweis von b). Es sei $E^1\in\mathfrak{m}$, so daß $E^1\Delta E_1\in\mathfrak{n}_l$ gilt, und $I\in\mathfrak{i}_1$ beliebig. Dann gilt $I-E_1\in\mathfrak{n}$, woraus wegen $I\in\mathfrak{s}$ folgt, daß $I-E^1$ in $\mathfrak{n}$ liegt.

Nun sei $S\in\mathfrak{s}\subseteq E^1$ beliebig. Wegen $S\cap E_1\in\mathfrak{s}\subseteq E_1$ existiert also ein $I\in\mathfrak{i}_1\subseteq S\cap E_1$, wofür $S\cap E_1-I\in\mathfrak{n}$ gilt. Andererseits gilt $S-E_1\in\mathfrak{s}\subseteq(E^1-E_1)$, woraus wegen $E^1-E_1\in\mathfrak{n}_l$ folgt, daß $S-E_1$ in $\mathfrak{n}$ liegt. Wegen $S-I=(S\cap E_1-I)\cup(S-E_1)$, ergibt sich, daß $S-I\in\mathfrak{n}$ gilt.

Beweis von c). Es sei $Z\in\mathfrak{z}$ und $S\in\mathfrak{s}\subseteq Z\cap E_1$ beliebig. Dann existiert ein $I\in\mathfrak{i}_1\subseteq S$, wofür $S-I\in\mathfrak{n}$ gilt. Wegen $I\in\mathfrak{i}_1$ liegt $Z\cap I$ in $\mathfrak{n}$, woraus wegen $I\subseteq Z$ folgt, daß auch I in $\mathfrak{n}$ liegt. Wegen $S=(S-I)\cup I$ ergibt sich nun, daß $S\in\mathfrak{n}$ gilt.

Bemerkung. Das Lokalisationsprinzip stammt, wie gesagt, von SEGAL [23], der folgende Satz 2 ebenfalls. Allerdings legt SEGAL einen etwas anderen Begriff des Maßraumes zugrunde. Auf Grund der Generalvoraussetzung besteht der Unterschied zu dem in dieser Arbeit verwendeten Maßraumbegriff aber nur darin, daß die Maßräume im Sinne von SEGAL stets wesentlich sind, die hiesigen jedoch nicht (vergleiche § 18 und ZAANEN [24]).

Der erste Teil des Beweises von Satz 2 lehnt an den von SEGAL an, welcher lediglich das Restklassensystem $\mathfrak{s}/\mathfrak{n}_l$ statt $\mathfrak{s}$ selber betrachtet. Der zweite Teil des Beweises von Satz 2 ist jedoch direkter als der von SEGAL. Die Konstruktionen, welche den beiden Beweisteilen zugrundeliegen, werden später noch wiederholt benutzt werden (vergleiche die Beweise der Sätze 3 und 4).

Satz 2. Für einen Maßraum gilt das SEGALsche Lokalisationsprinzip genau dann, wenn für ihn der Satz von RADON-NIKODYM gilt.

Beweis. 1. Für $\underline{M} = (E, \mathfrak{m}, \varphi)$ gelte der Satz von RADON-NIKODYM. Es sei $\mathfrak{i}$ ein bedingtes σ-Ideal summierbarer Mengen von $\underline{M}$. Für jedes $M\in\mathfrak{m}$ sei

$$\psi(M) = \sup\{\varphi(I)\colon I\in\mathfrak{i}\subseteq M\}.$$

Mit φ ist offenbar auch ψ monoton.

Behauptung 1. ψ ist additiv auf $\mathfrak{m}$.

Beweis. Es seien $M_1, M_2 \in \mathfrak{m}$ disjunkt. Für jedes $I \in \mathfrak{l}$ gilt dann

$$\varphi([M_1 \cup M_2] \cap I) = \varphi(M_1 \cap I) + \varphi(M_2 \cap I).$$

Hieraus folgt

$$\psi(M_1 \cup M_2) \leq \psi(M_1) + \psi(M_2).$$

Es sei $\varepsilon > 0$ beliebig. Dann existieren $I_n \in \mathfrak{l} \subseteq M_n$ für $n=1,2$ mit $\varphi(I_n) + \frac{\varepsilon}{2} > \psi(M_n)$. Es folgt $I_1 \cup I_2 \in \mathfrak{l} \subseteq (M_1 \cup M_2)$ und $\varphi(I_1 \cup I_2) + \varepsilon > \psi(M_1)$. Weil ε beliebig positiv war, ergibt sich hieraus

$$\psi(M_1 \cup M_2) \geq \psi(M_1) + \psi(M_2).$$

Behauptung 2. ψ ist totaladditiv auf $\mathfrak{m}$.

Beweis. Es seien $M_n \in \mathfrak{m}$ $(n=1,2,\ldots)$ paarweise disjunkt. Wie bei Behauptung 1 folgt

(12) $$\psi(\bigcup_n M_n) \leq \sum_n \psi(M_n).$$

Wenn $\psi(\bigcup_n M_n) = \infty$, gilt also das Gleichungszeichen. Es sei $\sum_n \psi(M_n) = \infty$. Aus Behauptung 1 folgt dann, daß

$$\sup_m \psi(\dot{\bigcup_{n=1}^{m}} M_n) = \infty$$

gilt. Weil ψ monoton wächst, gilt

$$\psi(\dot{\bigcup_{n=1}^{m}} M_n) \leq \psi(\dot{\bigcup_{n=1}^{\infty}} M_n) \text{ für jedes } m.$$

Es folgt $\psi(\bigcup_n M_n) = \infty$. Also gilt auch im Falle $\sum_n \psi(M_n) = \infty$ in (12) das Gleichheitszeichen.

Es sei nun $\sum_n \psi(M_n) < \infty$ und $\varepsilon > 0$ beliebig. Dann existiert zu jedem M_n ein $I_n \in \mathfrak{l} \subseteq M_n$, so daß

$$\varphi(I_n) + \frac{\varepsilon}{2^n} > \psi(M_n)$$

gilt. Hieraus folgt wegen $I_n \subseteq M_n$ und $\sum_n \psi(M_n) < \infty$ auf Grund von (9) einerseits $\bigcup_n I_n \in \mathfrak{l}$, andererseits

$$\varphi(\bigcup_n I_n) + \varepsilon > \sum_n \psi(M_n).$$

Also ist ψ ein Maß auf m.

Wegen $\psi \leq \varphi$ existiert nach Voraussetzung eine Ableitung f von ψ nach φ. Es sei

$$E_1 = \{f \geq 1\}.$$

Behauptung. ψ wird durch E_1 lokalisiert.

Beweis von (10). Es sei $I \in \mathfrak{I}$, so daß $\varphi(I) > 0$ gilt, und

$$S = I - E_1.$$

Entsprechend (8) gilt $S \in \mathfrak{I}$. Weil $0 \leq f < 1$ auf S gilt, ist $f\chi_S$ φ-summierbar entsprechend (2), und es gilt $\psi(S) = \int_S f\, d\varphi$.

Aus $I \in \mathfrak{I}$ folgt andererseits, daß $\psi(S) = \varphi(S)$ gilt. Weil $f < 1$ auf S, muß also $\varphi(S) = 0$ gelten.

Beweis von (11). Es sei $S \in m \subseteq E_1$ beliebig. Aus der Definition von ψ folgt die Existenz einer Folge (I_n) aus $\mathfrak{I} \subseteq S$ mit

$$\sup_n \varphi(I_n) = \psi(S).$$

Auf Grund von (9) kann die Folge (I_n) als monoton wachsend angenommen werden. Hieraus folgt für $I = \bigcup_n I_n$, daß $\varphi(I) = \psi(I)$ gilt. Wegen $I_n \subseteq S \in m$ gilt, entsprechend (9), ferner $I \in \mathfrak{I}$. Nach Hilfssatz 3 gilt $f \leq 1$ bis auf eine lokale φ-Nullmenge. Hieraus folgt wegen $S \subseteq E_1$, daß $f = 1$ auf S bis auf eine φ-Nullmenge gilt. Also ist $f\chi_S$ φ-summierbar, woraus, entsprechend (2) folgt, daß $\psi(S) = \int_S f d\varphi$ gilt.

Zusammenfassend gilt also

$$\varphi(I) = \psi(S) = \int_S f\, d\varphi = \varphi(S),$$

woraus $\varphi(S - I) = 0$ folgt.

Für $\underline{M}$ gilt also das SEGALsche Lokalisationsprinzip.

2. Für $\underline{M} = (E, m, \varphi)$ gelte das SEGALsche Lokalisationsprinzip. Behauptung. Für M gilt der Satz von RADON-NIKODYM. Es sei ψ ein φ-stetiges Maß auf m. Wegen Hilfssatz 4 kann ohne Beschränkung der Allgemeinheit $\psi \leq c\varphi$ angenommen werden.

Es bezeichne P^+ die Menge der nicht negativen rationalen Zahlen. Für jedes $\rho \in P^+$ sei

$$\mathfrak{I}_\rho = \{S \in \mathfrak{S} : \psi(S') < \rho\, \varphi(S') \text{ für jedes } S' \in \mathfrak{S}^+ \subseteq S\}.$$

Behauptung 1. $\mathfrak{I}_\rho$ ist ein bedingtes σ-Ideal aus $\mathfrak{S}$ für jedes $\rho \in P^+$.

Beweis von (10). Es sei $S \in \mathfrak{I}$ und $M \in \mathfrak{S} \subseteq S$. Ferner sei $S' \in \mathfrak{S}^+ \subseteq M$. Dann gilt $S' \in \mathfrak{S}^+ \subseteq S$, also wegen $S \in \mathfrak{I}_\rho$

$$\psi(S') < \rho\, \varphi(S'),$$

woraus $M \in \mathfrak{I}_\rho$ folgt.

Beweis von (11). Es seien $S_n \in \mathfrak{I}_\rho$ für $n = 1,2,\dots$, und es gelte $S = \bigcup_n S_n \in \mathfrak{S}$. Dann existieren paarweise disjunkte $S_n' \in \mathfrak{S} \subseteq S$ mit $\bigcup_n S_n' = S$, so daß zu jedem m ein $n(m)$ existiert mit $S_m' \subseteq S_{n(m)}$. Es sei $S' \in \mathfrak{S}^+ \subseteq S$ beliebig. Dann gilt

$$S' \cap S_m' \in \mathfrak{S} \subseteq S_{n(m)} \quad \text{für jedes } m.$$

Hieraus folgt

$$\psi(S' \cap S_m') < \rho \cdot \varphi(S' \cap S_m'), \text{ wenn } \varphi(S' \cap S_m') > 0.$$

Wegen der φ-Stetigkeit von ψ und der paarweisen Disjunktheit der S_n' folgt nun

$$\psi(S') < \rho\varphi(S'),$$

woraus $S \in \mathfrak{I}_\rho$ folgt. Hiermit ist Behauptung 1 bewiesen.

Nach Voraussetzung wird jedes $\mathfrak{I}_\rho$ durch ein $E_\rho \in \mathfrak{m}$ lokalisiert.

Behauptung 2. $[\mathfrak{S} \subseteq E_\rho] \subseteq \mathfrak{I}_\rho$ für jedes $\rho \in P^+$.

Beweis. Es sei $S \in \mathfrak{S} \subseteq E_\rho$. Dann existiert nach (11) ein $S^* \in \mathfrak{I}_\rho \subseteq S$, wofür $\varphi(S - S^*) = 0$ gilt. Wegen der φ-Stetigkeit von ψ folgt hieraus $\psi(S - S^*) = 0$. Wegen $S^* \in \mathfrak{I}_\rho$ gilt

$$\psi(S') < \rho \cdot \varphi(S') \quad \text{für jedes } S' \in \mathfrak{S}^+ \subseteq S^*.$$

Wegen $\varphi(S - S^*) = 0$ und $\psi(S - S^*) = 0$ folgt hieraus

$$\psi(S') < \rho \cdot \varphi(S') \quad \text{für jedes } S' \in \mathfrak{S}^+ \subseteq S,$$

weshalb $S \in \mathfrak{I}_\rho$ gilt.

Behauptung 3. $E_{\rho'} - E_\rho \in \mathfrak{n}_1$, wenn $\rho' < \rho$ aus P^+.

Annahme. $E_{\rho'} - E_\rho \notin \mathfrak{n}_l$ für $\rho' < \rho$. Dann existiert ein $S \in \mathfrak{s}^+ \subseteq (E_{\rho'} - E_\rho)$. Nach Behauptung 2 gilt hierfür $S \in \mathfrak{i}_{\rho'}$. Wegen (8) und $S \in \mathfrak{s}^+$ gilt $S \notin \mathfrak{i}_\rho$. Aus $\rho' < \rho$ folgt andererseits $\mathfrak{i}_{\rho'} \subseteq \mathfrak{i}_\rho$ - Widerspruch.

Es sei

$$E_\rho^* = \begin{cases} E_\rho & \text{für } \rho = 0 \\ \bigsqcup_{\rho' < \rho} E_{\rho'} & \text{für } \rho > 0 \end{cases}$$

Behauptung 4. $E_\rho^* \,\Delta\, E_\rho \in \mathfrak{n}_l$ für jedes $\rho \in P^+$.

Beweis. Nach Behauptung 3 gilt $E_\rho^* - E_\rho \in \mathfrak{n}_l$ für jedes $\rho \in P^+$.

Annahme. $E_\rho - E_\rho^* \notin \mathfrak{n}_l$ für ein $\rho \in P^+$. Dann gilt $\rho > 0$. Es sei (ρ_n) eine Folge aus P^+ mit $\rho_n \leq \rho_{n+1} < \rho$, welche gegen ρ konvergiert. Aus der Annahme folgt, daß ein $S \in \mathfrak{s}^+ \subseteq (E_\rho - E_\rho^*)$ existiert. Nach (10) gilt $S \notin \mathfrak{i}_{\rho_1}$. Also existiert ein $S_1 \in \mathfrak{s}^+ \subseteq S$ mit $\rho_1 \varphi(S_1) \leq \psi(S_1)$. Durch Induktion folgt die Existenz einer Folge (S_n), so daß

$$S_n \in \mathfrak{s}^+ \subseteq (S - \bigsqcup_{\nu=1}^{n-1} S_\nu) \quad \text{und} \quad \rho_n \cdot \varphi(S_n) \leq \psi(S_n)$$

gilt. Weil (ρ_n) monoton wächst, folgt

$$\rho_n \cdot \varphi(S_m) \leq \psi(S_m), \quad \text{wenn } n < m.$$

Weil die S_n paarweise disjunkt sind, gilt für $\overline{S} = \bigcup_m S_m$ also

$$\rho_n \cdot \varphi(\overline{S}) \leq \psi(\overline{S}) \quad \text{für jedes } n.$$

Hieraus folgt wegen $\rho_n \to \rho$, daß

$$\rho \cdot \varphi(\overline{S}) \leq \psi(\overline{S})$$

gilt. Wegen $S \in \mathfrak{s} \subseteq E_\rho$ gilt aber $S \in \mathfrak{i}_\rho$, nach Behauptung 2. Hieraus folgt wegen $\overline{S} \in \mathfrak{s}^+ \subseteq S$, daß

$$\psi(\overline{S}) < \rho \cdot \varphi(\overline{S})$$

gilt, im Widerspruch zu dem gerade Bewiesenen.

Aus Behauptung 4 folgt nach Hilfssatz 7, daß gilt

$\mathfrak{i}_\rho$ wird auch durch E_ρ^* lokalisiert, für jedes $\rho \in P^+$.

Behauptung 5. $E^*_\rho = \bigsqcup_{\rho'<\rho} E^*_{\rho'}$, für jedes $\rho > 0$ aus P^+.

Der Beweis ist evident.

Für jedes $x \in E$ sei

$$f(x) = \begin{cases} \inf \{\rho \in P^+ \colon x \in E^*_\rho\}, & \text{wenn ein } \rho \in P^+ \text{ mit } x \in E^*_\rho \text{ existiert} \\ \infty, & \text{sonst.} \end{cases}$$

Behauptung 6. $E^*_\rho = \{f < \rho\}$ für jedes $\rho > 0$ aus P^+.

Der Beweis folgt unmittelbar aus Behauptung 5.

Behauptung. f ist eine Ableitung von ψ nach φ.

Offenbar ist f nicht negativ. Nach Behauptung 6 ist f meßbar.

Behauptung 7. $N = E - \bigsqcup_{\rho \in P^+} E^*_\rho \in \mathfrak{n}_\iota$.

Beweis. Es sei $S \in \mathfrak{s}$ beliebig.

1. Fall. $S \cap N \notin \mathfrak{i}_\rho$ für jedes $\rho \in P^+$. Dann existiert zu jedem $\rho \in P^+$ ein $S_\rho \in \mathfrak{s}^+ \subseteq S \cap N$ mit $\psi(S_\rho) \geq \rho \cdot \varphi(S_\rho)$. Dies führt aber zu einem Widerspruch zur Voraussetzung $\psi \leq c\varphi$.

2. Fall. Es existiert ein $\rho \in P^+$ mit $S \cap N \in \mathfrak{i}_\rho$. Weil $S \cap N \cap E^*$ leer ist und weil E^*_ρ das Ideal $\mathfrak{i}_\rho$ lokalisiert, folgt aus (10), daß $\varphi(S \cap N) = 0$ gilt.

Nun folgt der Beweis von (2) für jedes $S \in \mathfrak{s}$.

Behauptung 8. Wenn S summierbar bezüglich φ (also auch bezüglich ψ) ist, dann gilt

$$f\chi_S \text{ ist } \varphi\text{-summierbar und } \psi(S) = \int_S f \, d\varphi.$$

Beweis. Es sei $S \in \mathfrak{s}$ beliebig. Wegen der φ-Stetigkeit von ψ gilt die Behauptung, wenn $\varphi(S) = 0$ ist.

Es sei $\varphi(S) > 0$. Nach Behauptung 6 gilt

$$E^*_{n+1} - E^*_n = \{n \leq f < n+1\} \text{ für jede nat. Zahl } n.$$

Mit $S_n = S \cap [E^*_{n+1} - E^*_n]$ und der Menge N aus Behauptung 7 gilt also

$$S = \bigcup_n S_n \cup (S \cap N).$$

Nach Behauptung 7 ist $S \cap N$ eine φ-Nullmenge, also auch eine ψ-Nullmenge. Es folgt

(13) $$\psi(S) = \sum_n \varphi(S_n).$$

Ferner ist $f\chi_{S_n}$ φ-summierbar für jedes n. Auf Grund des LEBESGUEschen Grenzwertsatzes genügt es also, zu zeigen, daß

(14) $$\psi(S_n) = \int_{S_n} f\, d\varphi \text{ für jedes } n$$

gilt.

Beweis. Für jedes Paar m,n natürlicher Zahlen sei

$$m_1(n) = n\cdot 2^m \quad\text{und}\quad m_2(n) = (n+1)\cdot 2^m.$$

Für jede natürliche Zahl μ mit $m_1(n) \leq \mu \leq m_2(n)$ sei

$$S_{n,m,\mu} = S \cap [E^*_{\frac{\mu+1}{2^m}} - E^*_{\frac{\mu}{2^m}}].$$

Wegen der φ-Summierbarkeit von $f\chi_{S_n}$ und Behauptung 6 gilt

(15) $$\int_{S_n} f\, d\varphi = \lim_m \sum_{\mu=m_1(n)}^{m_2(n)} \frac{\mu}{2^m}\, \varphi(S_{n,m,\mu}) = \lim_m \sum_{\mu=m_1(n)}^{m_2(n)} \frac{\mu+1}{2^m}\, \varphi(S_{n,m,\mu}) .$$

Wie im Beweis von Behauptung 4 folgt

$$S_{n,m,\mu} \in \mathfrak{t}_{\frac{\mu+1}{2^m}} \quad\text{und}\quad S_{n,m,} \notin \mathfrak{t}_{\frac{\mu}{2^m}}, \text{ wenn } \varphi(S_{n,m,\mu}) > 0.$$

Hieraus und aus der φ-Stetigkeit von ψ folgt, daß stets

$$\frac{\mu}{2^m}\varphi(S_{n,m,\mu}) \leq \psi(S_{n,m,\mu}) \leq \frac{\mu+1}{2^m}\varphi(S_{n,m,\mu})$$

gilt. Diese Ungleichungen lassen sich über μ von $m_1(n)$ bis $m_2(n)$ aufsummieren. Hieraus folgt nun wegen der paarweisen Disjunktheit der $S_{n,m,\mu}$ für jedes Paar n,m und der paarweisen Disjunktheit der Mengen $\bigcup_\mu S_{n,m,\mu}$ für jedes n durch den Grenzübergang $m \to \infty$, auf Grund von (15), daß (14) gilt.

Behauptung 9. Wenn S und $f\chi_S$ φ-summierbar sind, dann ist S ψ-summierbar.

Beweis. Es seien S und $f\chi_S$ φ-summierbar und N wie bei Behauptung 7 sowie die S_n wie im Beweis von Behauptung 8 definiert.
Dann gilt (13) und

(16) $$f\chi_S = \sum_{n=o}^{\infty} f\chi_{S_n} + f\chi_{S \cap N} .$$

Für jedes n ist $f\chi_{S_n}$ φ-summierbar. Also gilt (14). Wegen der φ-Summierbarkeit von $f\chi_S$ folgt nun aus (13), (14) und (16), daß S φ-summierbar ist.

Also ist f eine Ableitung von ψ nach φ, womit Satz 2 bewiesen ist.

Aus den Sätzen 1 und 2 ergibt sich als Korollar:

Korollar. Für jeden Maßraum, welcher eine Zerlegung besitzt, gilt das SEGALsche Lokalisationsprinzip.

Auf Grund von Satz 2 ist nun Frage 1 äquivalent der

Frage 2. Ist die Existenz einer Zerlegung für die Gültigkeit des SEGALschen Lokalisationsprinzips notwendig?

§ 3. Monotone Verschärfung des Satzes von RADON-NIKODYM und des SEGALschen Lokalisationsprinzips

Es werden Verschärfungen des Satzes von RADON-NIKODYM und des SEGALschen Lokalisationsprinzips durch Monotoniebedingungen eingeführt, welche sich als äquivalent miteinander und mit der Existenz einer Zerlegung erweisen.

Definition. Für den Maßraum (E, $\mathfrak{m}$, φ) gilt der Satz von RADON-NIKODYM monoton, wenn jedes φ-stetige Maß ψ auf $\mathfrak{m}$ eine solche Ableitung f_ψ nach φ besitzt, daß gilt

(17) $$f_{\psi_1} \leq f_{\psi_2}, \text{ wenn } \psi_1 \leq \psi_2 .$$

Die Zuordnung $\psi \to f_\psi$ heißt dann eine monotone Differentiation.

Definition. Für den Maßraum $\underline{M}$ gilt das SEGALsche Lokalisationsprinzip monoton, wenn jedes bedingte σ-Ideal $\mathfrak{i}$ summierbarer Mengen von $\underline{M}$ durch eine solche meßbare Menge $E_{\mathfrak{i}}$ lokalisiert wird, daß gilt

(18)
$$E_{\mathfrak{i}_1} \subseteq E_{\mathfrak{i}_2}, \text{ wenn } \mathfrak{i}_1 \subseteq \mathfrak{i}_2.$$

Die Zuordnung $\mathfrak{i} \to E_{\mathfrak{i}}$ heißt dann eine monotone Lokalisation.

Satz 3. Für einen Maßraum gilt der Satz von RADON-NIKODYM monoton genau dann, wenn für ihn das SEGALsche Lokalisationsprinzip monoton gilt.

Beweis. 1. Für $\underline{M} = (E, \mathfrak{m}, \varphi)$ gelte der Satz von RADON-NIKODYM monoton. Nach Satz 2 gilt dann für $\underline{M}$ das SEGALsche Lokalisationsprinzip schlechthin. Für jedes bedingte σ-Ideal $\mathfrak{i}$ summierbarer Mengen von $\underline{M}$ bezeichne $E_{\mathfrak{i}}$ die im Beweis von Satz 2 konstruierte Lokalisierende, also

$$E_{\mathfrak{i}} = \{f_{\mathfrak{i}} \geqq 1\},$$

wobei $f_{\mathfrak{i}}$ eine Ableitung des φ-stetigen Maßes

$$\psi_{\mathfrak{i}}(M) = \sup \{\varphi(I) : I \in \mathfrak{i} \subseteq M\} \qquad (M \in \mathfrak{m})$$

nach φ bezeichnet. Nach Voraussetzung können die $f_{\mathfrak{i}}$ so gewählt werden, daß sie der Monotoniebedingung (17) genügen.
Aus $\mathfrak{i}_1 \subseteq \mathfrak{i}_2$ folgt aber $\psi_{\mathfrak{i}_1} \leqq \psi_{\mathfrak{i}_2}$, also nach der Monotoniebedingung $f_{\mathfrak{i}_1} \leqq f_{\mathfrak{i}_2}$, woraus $E_{\mathfrak{i}_1} \subseteq E_{\mathfrak{i}_2}$ folgt.

Für $\underline{M}$ gilt also das SEGALsche Lokalisationsprinzip monoton.

2. Für $\underline{M} = (E, \mathfrak{m}, \varphi)$ gelte das SEGALsche Lokalisationsprinzip monoton. Nach Satz 2 gilt dann für M der Satz von RADON-NIKODYM schlechthin. Es seien ψ_1 und ψ_2 zwei φ-stetige Maße auf $\mathfrak{m}$, wofür $\psi_1 \leqq \psi_2$ gilt.

1. Fall. $\psi_n \leqq c_n\varphi$ für $n = 1,2$.

Für $n = 1,2$ bezeichne f_n die im Beweis von Satz 2 konstruierte Ableitung von ψ_n nach φ.

Behauptung. $f_1 \leqq f_2$.

Beweis. Für $n = 1,2$ und $\rho \in P^+$ sei

$$\mathfrak{i}_{n,\rho} = \{S \in \mathfrak{s} : \psi_n(S') < \rho\, \varphi(S') \text{ für jedes } S' \in \mathfrak{s}^+ \subseteq S\}.$$

Nach Voraussetzung kann zu jedem $\phi_{n,\rho}$ eine solche Lokalisierende $E_{n,\rho}$ gewählt werden, daß die Monotoniebedingung (18) erfüllt ist. Schließlich sei

$$E^*_{n,\rho} = \begin{cases} E_{n,\rho} & \text{, wenn } \rho = 0 \\ \bigsqcup_{\rho'<\rho} E_{n,\rho'} & \text{, wenn } \rho > 0 \end{cases} \qquad \text{für } n = 1,2.$$

Aus $\phi_1 \leq \phi_2$ folgt $\phi_{2,\rho} \subseteq \phi_{1,\rho}$ für jedes $\rho \in P^+$.

Hieraus folgt nun $E_{2,\rho} \subseteq E_{1,\rho}$ und daraus

(19) $$E^*_{2,\rho} \subseteq E^*_{1,\rho} \quad \text{für jedes } \rho \in P^+.$$

Nun gilt für jedes $x \in E$

$$f_n(x) = \begin{cases} \inf \{\rho \in P^+ : x \in E^*_{n,\rho}\}, & \text{wenn ein } \rho \in P^+ \text{ mit } x \in E^*_{n,\rho} \text{ existiert} \\ \infty & \text{sonst.} \end{cases}$$

Deshalb folgt aus (19), daß $f_1 \leq f_2$ gilt.

2. Fall. $\phi_1 \leq \phi_2$ beliebig φ-stetig.

Für $n = 1,2$ und jede natürliche Zahl m sei

$$\phi_{n,m} = \min (m\varphi, \phi_n).$$

Dann gilt nach Hilfssatz 2 für $n = 1,2$

(20) $$\phi_n = \sup_m \phi_{n,m} .$$

Weil

$$\phi_{n,m} \leq m\varphi \quad \text{für } n = 1,2 \text{ und jedes } m$$

gilt, folgt nach Fall 1 die Existenz einer solchen Ableitung $f_{n,m}$ von $\phi_{n,m}$ nach φ, daß gilt:

aus $\phi_{1,m} \leq \phi_{2,m}$ folgt $f_{1,m} \leq f_{2,m}$ für jedes m

und

aus $\phi_{n,m} \leq \phi_{n,m+1}$ folgt $f_{n,m} \leq f_{n,m+1}$ für alle n,m.

Hieraus folgt für

$$f_n = \sup_m f_{n,m} \qquad n = 1,2 ,$$

daß $f_1 \leq f_2$ gilt. Wegen (20) ist nach Hilfssatz 5 aber f_n eine Ableitung von ϕ_n nach φ für $n = 1,2$.

Also gilt für $\underline{M}$ der Satz von RADON-NIKODYM monoton.

Offen ist wiederum

<u>Frage 3</u>. Folgt aus der Gültigkeit des Satzes von RADON-NIKODYM oder des SEGALschen Lokalisationsprinzips die Gültigkeit ihrer monotonen Verschärfungen?

Mit dieser Frage wären auch die beiden ersten beantwortet, wie der folgende Satz zeigt:

<u>Satz 4</u>. Gilt für einen Maßraum der Satz von RADON-NIKODYM monoton oder das SEGALsche Lokalisationsprinzip monoton, so besitzt er eine Zerlegung.

Beweis. Für den Maßraum $\underline{M} = (E, \mathfrak{m}, \varphi)$ gelte das SEGALsche Lokalisationsprinzip monoton. Es sei $<$ eine Wohlordnung der Menge $\mathfrak{S}^+$ mit S_0 als kleinstem Element. Bezüglich dieser Wohlordnung sei die Teilmenge $\mathfrak{S}^*$ von $\mathfrak{S}^+$ so rekursiv definiert, daß gilt:

$$\mathfrak{S}^* = \{S \in \mathfrak{S}^+ : \varphi(S \cap S^*) = 0 \text{ für jedes } S^* \in \mathfrak{S}^* \text{ mit } S^* < S\}.$$

Behauptung 1. Zu jedem $S \in \mathfrak{S}^+$ existiert ein $S^* \in \mathfrak{S}^*$, so daß $\varphi(S \cap S^*) > 0$ gilt.

Beweis. Es sei $S \in \mathfrak{S}^+$ beliebig. Im Falle $S \in \mathfrak{S}^*$ ist die Behauptung trivial. Es sei also $S \notin \mathfrak{S}^*$. Wegen $S_0 \in \mathfrak{S}^*$ folgt $S > S_0$. Per definitionem von $\mathfrak{S}^*$ existiert aber jetzt ein $S^* \in \mathfrak{S}^*$ mit $S^* < S$ und $\varphi(S^* \cap S) > 0$.

Behauptung 2. $\varphi(S_1 \cap S_2) = 0$ für alle $S_1 \neq S_2$ aus $\mathfrak{S}^*$.

Beweis. Wenn $S_1 \neq S_2$ aus $\mathfrak{S}^*$, dann gilt entweder $S_1 < S_2$ oder $S_2 < S_1$. Aus der Definition von $\mathfrak{S}^*$ folgt nun unmittelbar die Behauptung.

Bemerkung. Durch Fortnahme einer Nullmenge von jeder Menge aus $\mathfrak{S}^*$ entsteht aus $\mathfrak{S}^*$ ein System, für welches ebenfalls die Behauptung 1 gilt.

Von jeder Menge aus $\mathfrak{S}^*$ wird nun zweimal eine Nullmenge fortgenommen, mit dem Ziel, daß die so reduzierten Mengen paarweise disjunkt sind. Hiermit ist dann eine Zerlegung für $\underline{M}$ gewonnen.

Erste Reduktion: Für jedes $S \in \mathfrak{S}^*$ sei

$$\mathfrak{t}_1(S) = \{S' \in \mathfrak{S} : \varphi(S' \cap S) = 0\}.$$

Dann ist $\mathfrak{i}_1(S)$ ein bedingtes σ-Ideal aus $\mathfrak{a}$.

Nach Voraussetzung existiert eine monotone Lokalisation $\mathfrak{i} \to E_{\mathfrak{i}}$, und es sei $E_1(S) = E_{\mathfrak{i}_1}(S)$ gesetzt.

Für jedes $S \in \mathfrak{a}^*$ sei

$$S_1 = S - E_1(S).$$

Behauptung 3. $\varphi(S - S_1) = 0$ für jedes $S \in \mathfrak{a}^*$.

Dies gilt wegen $S - S_1 = S \cap E_1(S)$ nach Hilfssatz 7.

Zweite Reduktion. Für jedes $S \in \mathfrak{a}^*$ mit $S > S_0$ sei

$\mathfrak{i}_2(S) = \{S' \in \mathfrak{a} \;:\; \varphi(S' \cap S^*) = 0$ für jedes $S^* \in \mathfrak{a}^*$ mit $S^* < S\}$.

Behauptung 4. $S \in \mathfrak{i}_2(S)$ für jedes $S > S_0$ aus $\mathfrak{a}^*$.

Dies folgt unmittelbar aus den Definitionen von $\mathfrak{a}^*$ und $\mathfrak{i}_2(S)$.

Für jedes $S > S_0$ aus $\mathfrak{a}^*$ ist $\mathfrak{i}_2(S)$ ein bedingtes σ-Ideal aus $\mathfrak{a}$. Nun wird die vorausgesetzte Lokalisation auf die $\mathfrak{i}_2(S)$ angewendet und $E_2(S) = E_{\mathfrak{i}_2}(S)$ gesetzt.

Für jedes $S \in \mathfrak{a}^*$ sei

$$S_2 = \begin{cases} S & , \text{ wenn } S = S_0 \\ S \cap E_2(S) & , \text{ wenn } S > S_0 . \end{cases}$$

Behauptung 5. $\varphi(S - S_2) = 0$ für jedes $S \in \mathfrak{a}^*$.

Beweis. Für $S = S_0$ gilt die Behauptung. Es sei $S > S_0$ aus $\mathfrak{a}^*$. Nach Behauptung 4 gilt $S \in \mathfrak{i}_2(S)$. Weil $\mathfrak{i}_2(S)$ durch $E_2(S)$ lokalisiert wird, folgt die Behauptung.

Für jedes $S \in \mathfrak{a}^*$ sei schließlich

$$S_3 = \begin{cases} S - E_1(S) & , \text{ wenn } S = S_0 \\ [S - E_1(S)] \cap E_2(S) & , \text{ wenn } S > S_0 . \end{cases}$$

Behauptung 6. $E_2(S') \subseteq E_1(S)$, wenn $S < S'$ aus $\mathfrak{a}^*$.

Beweis. Es seien $S < S'$ aus $\mathfrak{a}^*$. Wegen der Monotonie der Lokalisation genügt es, zu zeigen, daß $\mathfrak{i}_2(S') \subseteq \mathfrak{i}_1(S)$ gilt. Es sei $S_0 \in \mathfrak{i}_2(S')$. Wegen $S < S'$ und $S \in \mathfrak{a}^*$ gilt dann $\varphi(S_0 \cap S) = 0$, also $S_0 \in \mathfrak{i}_1(S)$.

Behauptung 7. $S_3 \cap S'_3 = \emptyset$ für $S \neq S'$ aus $\mathfrak{s}^*$.

Beweis. Es sei $S \neq S'$ aus $\mathfrak{s}^*$. Dann kann ohne Beschränkung der Allgemeinheit $S < S'$ angenommen werden. Nach Behauptung 6 gilt dann $E_2(S') \subseteq E_1(S)$. Hieraus folgt wegen $S'_3 \subseteq E_2(S')$ und $S_3 \cap E_1(S) = \emptyset$, daß S_3 und S'_3 disjunkt sind.

Behauptung 8. Zu jedem $S \in \mathfrak{s}^+$ existiert ein $S' \in \mathfrak{s}^*$, so daß

$$\varphi(S \cap S'_3) > 0 \text{ gilt.}$$

Dies folgt aus den Behauptungen 1, 3 und 5.

Aus den Behauptungen 7 und 8 folgt nun, daß das System

$$\mathfrak{z} = \{S_3 : S \in \mathfrak{s}^*\}$$

eine Zerlegung für $\underline{M}$ ist.

Die Umkehrung von Satz 3 wird in Satz 8 bewiesen.

§ 4. Monotones Lifting.

Definition. Ein monotones Lifting für den Maßraum $(E, \mathfrak{m}, \varphi)$ ist eine Abbildung L von $\mathfrak{m}$ in sich, für die gilt

(21) $$M \,\Delta\, L(M) \in \mathfrak{n}_l$$

und

(22) $$L(M_1) \subseteq L(M_2), \text{ wenn } M_1 - M_2 \in \mathfrak{n}_l.$$

Hilfssatz 8. a) Für einen Maßraum $\underline{M} = (E, \mathfrak{m}, \varphi)$ sei N eine lokale Nullmenge, und auf der Einschränkung von $\underline{M}$ auf $E-N$ existiere ein monotones Lifting. Dann existiert auf ganz $\underline{M}$ ein monotones Lifting.

b) Existiert auf einem Maßraum $\underline{M}$ ein monotones Lifting, dann existiert auf $\underline{M}$ ein solches monotones Lifting L, daß gilt

(23) $$L(\emptyset) = \emptyset \text{ und } L(E) = E.$$

Beweis von a). Ist L_0 ein monotones Lifting auf der Einschränkung von $\underline{M}$ auf $E-N$, wobei $N \in \mathfrak{n}_l$ sei, dann ist durch

$$L(M) = L_0\,(M - N) \text{ für } M \in \mathfrak{m}$$

offenbar ein monotones Lifting für $\underline{M}$ definiert.

Beweis von b). Ist L_0 ein monotones Lifting für $\underline{M}$, so ist durch

$$L(M) = \begin{cases} \emptyset & \text{, wenn } M \in n_l \\ E & \text{, wenn } E - M \in n_l \\ L_0(M), & \text{sonst} \end{cases} \qquad \text{für } M \in m$$

ein monotones Lifting für $\underline{M}$ definiert, wofür (23) gilt.

Definition. Monotones Lifting auf dem System $\mathfrak{M}$ der meßbaren Funktionen eines Maßraumes heißt eine Abbildung l von $\mathfrak{M}$ in sich, wofür gilt

(24) $f = l\,(f)$ bis auf eine lokale Nullmenge

und

(25) $l\,(f_1) \leq l\,(f_2)$, wenn $f_1 \leq f_2$ bis auf eine lokale Nullmenge.

Hilfssatz 9. Existiert auf einem Maßraum ein monotones Lifting, so existiert auf dem zugehörigen System der meßbaren Funktionen ebenfalls ein monotones Lifting.

Beweis analog von NEUMANN [18]. Es sei L ein monotones Lifting für $\underline{M} = (E, m, \varphi)$ und $f \in \mathfrak{M}$ beliebig. Dann ist für jedes $\rho \in P$ die Menge $\{f < \rho\}$ meßbar und damit die Menge $L(\{f < \rho\})$ ebenfalls. Ausserdem ist die Schar

$$(L\{f < \rho\})_{\rho \in P}$$

monoton wachsend. Für jedes $x \in E$ sei

$$l(f)\,(x) = \begin{cases} \inf\,\{\rho \in P : x \in L(\{f < \rho\})\}, & \text{wenn ein } \rho \in P \\ \text{mit } x \in L\,(\{f < \rho\}) \text{ existiert,} & \\ \infty \quad \text{sonst.} & \end{cases}$$

Dann gilt

(26) $$\{l(f) < \rho\} = \bigcup_{\rho > \sigma \in P} L(\{f < \sigma\}) \quad \text{für jedes } \rho \in P.$$

Daher ist mit f auch $l(f)$ meßbar.

Behauptung 1. Für l ist (24) erfüllt.

Beweis. Analog (26) gilt

(27) $$\{f < \rho\} = \bigcup_{\rho > \sigma \in P} \{f < \sigma\} \quad \text{für jedes } \rho \in P.$$

Aus (21), (26) und (27) folgt

(28) $\{f < \rho\} \Delta \{l(f) < \rho\} \in \mathfrak{n}_l$ für jedes $\rho \in P$.

Nun gilt aber

$$\{f \neq l(f)\} = \bigcup_{\rho \in P} \{f < \rho\} \Delta \{l(f) < \rho\}.$$

Wegen (28) folgt hieraus, daß (24) gilt.

Behauptung 2. Für l ist (25) erfüllt.

Beweis. Für $f_1, f_2 \in \mathfrak{M}$ gelte $f_1 \leq f_2$ bis auf eine lokale Nullmenge. Nun gilt

$$\{f_1 > f_2\} = \bigcup_{\rho \in P} [\{f_2 < \rho\} - \{f_1 < \rho\}]$$

Daher gilt

$$\{f_2 < \rho\} - \{f_1 < \rho\} \in \mathfrak{n}_l \quad \text{für jedes } \rho$$

Hieraus folgt wegen (22)

$$L(\{f_2 < \rho\}) \subseteq L(\{f_1 < \rho\}) \quad \text{für jedes } \rho \in P,$$

voraus (vergl. HAUPT-AUMANN-PAUC [8], Bd. III, Nr. 4.1.1., Satz 2) folgt, daß $l(f_1) \subseteq l(f_2)$ gilt, was zu zeigen war.

Die folgende Frage bleibt offen:

Frage 4. Besitzt ein Maßraum ein monotones Lifting, wenn das zugehörige System der meßbaren Funktionen ein monotones Lifting besitzt?

Satz 5. Für einen Maßraum gilt das SEGALsche Lokalisationsprinzip monoton genau dann, wenn für ihn das SEGALsche Lokalisationsprinzip schlechthin gilt und ein monotones Lifting existiert.

Beweis. 1. Für $\underline{M}$ gelte das SEGALsche Lokalisationsprinzip und existiere ein monotones Lifting L. Es sei $\mathfrak{i}$ ein bedingtes σ-Ideal aus $\mathfrak{s}$. Dieses wird nach Voraussetzung durch eine Menge $E_\mathfrak{i} \in \mathfrak{m}$ lokalisiert.

Behauptung 1. $\mathfrak{i}$ wird auch durch $L(E_\mathfrak{i})$ lokalisiert.

Dies folgt aus der Eigenschaft (21) von L und aus Hilfssatz 7.

Behauptung 2. $L(E_{\mathfrak{i}_1}) \subseteq L(E_{\mathfrak{i}_2})$, wenn $\mathfrak{i}_1 \subseteq \mathfrak{i}_2$.

Beweis. Es sei $\mathfrak{i}_1 \subseteq \mathfrak{i}_2$. Dann gilt nach Hilfssatz 7 $E_{\mathfrak{i}_1} - E_{\mathfrak{i}_2} \in \mathfrak{n}_l$.

Hieraus folgt wegen (22), daß $L(E_{\iota_1}) \subseteq L(E_{\iota_2})$ gilt. Die Zuordnung $\iota \to L(E_\iota)$ definiert für $\underline{M}$ also eine monotone Lokalisation.

2. Für $\underline{M} = (E, \mathfrak{m}, \varphi)$ existiere eine monotone Lokalisation $\iota \to E_\iota$. Es sei $M \in \mathfrak{m}$ beliebig und hierfür

$$\iota(M) = \{S \in \mathfrak{s} : \varphi(S \cap M) = 0\}.$$

Dann ist $\iota(M)$ ein bedingtes σ-Ideal aus $\mathfrak{s}$. Es sei $E(M) = E_{\iota(M)}$ gesetzt. Nach Hilfssatz 7 gilt

(29) $\qquad [\mathfrak{s} \subseteq E(M)] \subseteq \iota(M).$

Behauptung. Durch $L(M) = E - E(M)$ wird ein monotones Lifting für $\underline{M}$ definiert.

Beweis von (21). Es seien $M \in \mathfrak{m}$ und $S \in \mathfrak{s}$ beliebig. Dann gilt

$$S \cap [M \triangle L(M)] = [S \cap M - L(M)] \cup [S \cap L(M) - M] =$$
$$= [S \cap M \cap E(M)] \cup [S - M \cup E(M)] .$$

Es sei $S_0 = S \cap M \cap E(M)$. Dann folgt aus (29), daß $S_0 \in \iota(M)$ gilt.

Wegen $S_0 \subseteq M$ folgt hieraus $\varphi(S_0) = 0$.

Es sei $S_1 = S - M \cup E(M)$. Dann gilt $S_1 \cap M = \emptyset$, also $S_1 \in \iota(M)$.

Weil $S_1 \cap E(M) = \emptyset$, folgt hieraus, entsprechend (11), daß $\varphi(S_1) = 0$ gilt.

Beweis von (22). Es seien $M_1, M_2 \in \mathfrak{m}$, so daß $M_1 - M_2 \in \mathfrak{n}_\iota$ gilt. Dann folgt

$$\varphi(S^* \cap M_1) \leq \varphi(S^* \cap M_2) \text{ für jedes } S^* \in \mathfrak{s}.$$

Hieraus folgt $\iota(M_2) \subseteq \iota(M_1)$, woraus wegen der Monotonie der Lokalisation $\iota \to E_\iota$ folgt, daß $E(M_2) \subseteq E(M_1)$ gilt. Also gilt $L(M_1) \subseteq L(M_2)$.

Satz 6. Für einen Maßraum gilt der Satz von RADON-NIKODYM monoton genau dann, wenn für ihn der Satz von RADON-NIKODYM schlechthin gilt und ein monotones Lifting existiert.

Der Beweis folgt unmittelbar aus den Sätzen 2, 3 und 5.

Bemerkungen. Es sei noch einmal aufgezeigt, wie man von einer monotonen Differentiation zu einem monotonen Lifting gelangt und umgekehrt eine gewöhnliche Differentiation durch ein monotones Lifting monotonisieren kann.

1. <u>Konstruktion eines monotonen Liftings mit Hilfe einer monotonen Differentiation.</u>

Für den Maßraum $(E, \mathfrak{m}, \varphi)$ existiere eine monotone Differentiation $\psi \to f_\psi$.
Für $M \in \mathfrak{m}$ sei

$$\mathfrak{i}(M) = \{S \in \mathfrak{s} : \varphi(S \cap M) = 0\}$$

Dann wird durch

$$\psi_M(P) = \sup \{\varphi(I) : I \in \mathfrak{i} \subseteq P\} \qquad (P \in \mathfrak{m})$$

ein φ-stetiges Maß auf $\mathfrak{m}$ definiert. Es sei $f_M = f_{\psi_M}$ gesetzt. Dann wird nach den Sätzen 2 und 3 das Ideal $\mathfrak{i}_M$ durch die Menge $\{f_M \geqq 1\}$ monoton lokalisiert. Nach dem Beweis von Satz 5 folgt, daß durch

$$L(M) = \{f_M < 1\} \qquad (M \in \mathfrak{m})$$

ein monotones Lifting definiert wird.

2. <u>Monotonisierung der Differentiation durch ein monotones Lifting.</u>

Für einen Maßraum $\underline{M}$ existiere eine gewöhnliche Differentiation $\psi \to f_\psi$ und ein monotones Lifting L.

Um zu einer monotonen Differentiation zu gelangen, braucht der bei Satz 6 angegebene Umweg über eine Lokalisation und deren Monotonisierung nicht gemacht zu werden. Denn nach Hilfssatz 9 existiert zu L ein monotones Lifting l auf $\mathfrak{M}$, und hierfür folgt wegen Hilfssatz 3 sofort, daß durch die Zuordnung $\psi \to l(f_\psi)$ eine monotone Differentiation für $\underline{M}$ definiert wird.

<u>§ 5. Lineares Lifting.</u>

<u>Definition</u>. Ein lineares Lifting für einen Maßraum $(E, \mathfrak{m}, \varphi)$ ist eine Abbildung L von $\mathfrak{m}$ in sich, für welche neben (21) noch folgende Bedingungen erfüllt sind:

(30) $$L(M_1) = L(M_2), \text{ wenn } M_1 \Delta M_2 \in n_l,$$

(31) $$L(M_1 \cap M_2) = L(M_1) \cap L(M_2)$$

und

(32) $$L(M_1 \cup M_2) = L(M_1) \cup L(M_2).$$

Dieser Begriff stammt von von NEUMANN [18] und wurde von MAHARAM [16] und IONESCU-TULCEA [9] und [10] untersucht.

Hilfssatz 8'. a) Für einen Maßraum $\underline{M} = (E, m, \varphi)$ sei N eine lokale Nullmenge, und auf der Einschränkung von $\underline{M}$ auf E - N existiere ein lineares Lifting. Dann existiert auf ganz $\underline{M}$ ein lineares Lifting.

b) Existiert auf einem Maßraum $\underline{M} = (E, m, \varphi)$ ein lineares Lifting, dann existiert auf $\underline{M}$ ein solches lineares Lifting, daß (23) gilt.

Beweis. Behauptung a) kann analog der von Hilfssatz 8 bewiesen werden. Andererseits bewiesen von NEUMANN und STONE [19], th. 15, bereits, daß mit einem linearen Lifting auf $\underline{M}$ stets auch ein solches lineares Lifting L_0 auf $\underline{M}$ existiert, daß $L_0(E) = E$ gilt. Hiermit ist durch

$$L(M) = \begin{Bmatrix} \emptyset & , \text{ wenn } M \in n_l \\ L_0(M), & \text{sonst} \end{Bmatrix} \text{ für jedes } M \in m$$

ein lineares Lifting L auf $\underline{M}$ definiert, wofür (23) gilt.

Hilfssatz 10. Jedes lineare Lifting ist ein monotones Lifting.

Beweis. Es sei L ein lineares Lifting für den Maßraum (E, m, φ) und $M_1, M_2 \in m$, so daß $M_1 - M_2 \in n_l$ gilt. Wegen (30) gilt $L(M_1 - M_2) = L(\emptyset)$. Aus (31) folgt andererseits $L(M) \subseteq L(M')$, wenn $M \subseteq M'$. Nach (32) gilt

$$L(M_1) = L(M_1 \cap M_2) \cup L(M_1 - M_2)$$

und

$$L(M_2) = L(M_1 \cap M_2) \cup L(M_2 - M_1).$$

Nun folgt

$$L(M_1) = L(M_1 \cap M_2) \cup L(\emptyset) \subseteq L(M_1 \cap M_2) \cup L(M_2 - M_1) = L(M_2),$$

was zu zeigen war.

Offen ist

Frage 5. Folgt aus der Existenz eines monotonen Liftings die eines linearen Liftings?

Existenzsatz (von NEUMANN [18], MAHARAM [16]). Jeder vollständige endliche Maßraum besitzt ein lineares Lifting.

Bemerkung. Der folgende Satz wurde von RYAN [21] für Zerlegungen $\mathfrak{z}$ ausgesprochen, welche die Eigenschaft haben, daß das Komplement von $\cup\mathfrak{z}$ entweder unendliches Maß hat oder leer ist. Der Schluß von einem Lifting auf eine Zerlegung ist bei RYAN also stärker, sein Beweis (über das zugehörige wesentliche Maß) auch entsprechend länger. Der umgekehrte Schluß ist trivial. Aus dem Satz von RYAN und Satz 7 folgt also die Äquivalenz der Existenz einer Zerlegung im Sinne von RYAN und im Sinne dieser Arbeit.

Satz 7. Ein Maßraum besitzt ein lineares Lifting genau dann, wenn er eine Zerlegung hat.

Beweis. 1. $\underline{M} = (E, \mathfrak{m}, \varphi)$ habe eine Zerlegung $\mathfrak{z}$. Für jedes $Z \in \mathfrak{z}$ bezeichne $\underline{M}_Z = (Z, \mathfrak{m} \cap Z, \varphi_Z)$ die Einschränkung von $\underline{M}$ auf Z.

Mit $\underline{M}$ erfüllt auch $\underline{M}_Z$ die Generalvoraussetzung, gleich seiner CARATHÉODORYschen Erweiterung zu sein. Wegen $\varphi_Z(Z) = \varphi(Z) < \infty$ existiert also nach dem Existenzsatz ein lineares Lifting L_Z für $\underline{M}_Z$. Für jedes $M \in \mathfrak{m}$ sei nun

$$L(M) = \bigsqcup_{Z \in \mathfrak{z}} L_Z(M \cap Z).$$

Behauptung. L ist für $\underline{M}$ ein lineares Lifting.

Beweis. Die Anwendung der Hilfssätze 1 und 6 ergibt, daß $L(M) \in \mathfrak{m}$ für jedes $M \in \mathfrak{m}$ gilt.

Beweis von (21). Es seien $M \in \mathfrak{m}$ und $S \in \mathfrak{s}$ beliebig. Dann existieren nach Hilfssatz 6 abzählbar viele $Z_n \in \mathfrak{z}$ mit $S - \bigcup_n Z_n \in \mathfrak{n}$. Also genügt es,

$$(33) \qquad (\bigcup_n Z_n \cap S) \cap [M \,\Delta\, L(M)] \in \mathfrak{n}$$

zu zeigen. Für jedes n sei

$$N_n = S \cap Z_n \cap [M \,\Delta\, L(M)]$$

Dann gilt

$$N_n = S \cap [(Z_n \cap M) \,\Delta\, L_{Z_n}(Z_n \cap M)].$$

Weil L_{Z_n} ein lineares Lifting auf $\underline{M}_{Z_n}$ ist und $S \in \mathfrak{s}$, folgt entsprechend (21), daß

$$(Z_n \cap M) \Delta L_{Z_n}(Z_n \Delta M) \in \mathfrak{n} \text{ für jedes } n$$

gilt. Hieraus folgt (33).

2. Für $\underline{M} = (E, \mathfrak{m}, \varphi)$ existiere ein lineares Lifting L. Hierfür kann nach Hilfssatz 8' $L(\emptyset) = \emptyset$ angenommen werden.

Nun besitzt die bezüglich der Enthaltenseinbeziehung halbgeordnete Menge aller Systeme von paarweise bis auf eine Nullmenge disjunkten Mengen aus $\mathfrak{a}^+$ ein maximales Element $\mathfrak{z}_0$. Es sei

$$\mathfrak{z} = \{L(Z) \cap Z : Z \in \mathfrak{z}_0\}$$

Behauptung. $\mathfrak{z}$ ist für $\underline{M}$ eine Zerlegung.

Beweis. Weil die Elemente von $\mathfrak{z}_0$ paarweise bis auf eine Nullmenge disjunkt sind, ergeben (30) und (31) wegen $L(\emptyset) = \emptyset$, daß die Elemente von $\mathfrak{z}$ paarweise disjunkt sind. Aus der Maximalität von $\mathfrak{z}_0$ folgt, daß zu jedem $S \in \mathfrak{a}^+$ ein $Z \in \mathfrak{z}_0$ mit $S \cap Z \in \mathfrak{a}^+$ existiert. Wegen $Z \in \mathfrak{a}$ gilt nach (21)

$$L(Z) \Delta Z \in \mathfrak{n}.$$

Hieraus folgt, daß mit $S \cap Z$ auch $S \cap L(Z)$ positives Maß hat.

Also ist $\mathfrak{z}$ für $\underline{M}$ eine Zerlegung.

<u>Satz 8</u>. Besitzt ein Maßraum eine Zerlegung, so gelten für ihn der Satz von RADON-NIKODYM monoton und das SEGALsche Lokalisationsprinzip monoton.

Beweis. Der Maßraum $\underline{M}$ besitze eine Zerlegung. Dann gilt nach Satz 1 für $\underline{M}$ der Satz von RADON-NIKODYM schlechthin. Nach Satz 7 besitzt $\underline{M}$ ein lineares Lifting, welches nach Hilfssatz 10 auch ein monotones Lifting ist.
Nun folgt aus Satz 6, daß für $\underline{M}$ der Satz von RADON-NIKODYM monoton gilt (vergleiche Bemerkung 2 nach Satz 6). Aus Satz 3 folgt der Rest der Behauptung.

<u>Satz 9</u>. Für einen Maßraum gilt der Satz von RADON-NIKODYM monoton genau dann, wenn er ein lineares Lifting besitzt.

Der Beweis folgt unmittelbar aus den Sätzen 7 und 8, in beiden

Richtungen auf dem Umweg über eine Zerlegung.

Bemerkung: Daß aus der Existenz eines linearen Liftings die Gültigkeit des Satzes von RADON-NIKODYM (schlechthin) folgt, bemerkte schon RYAN [21] (vergl. die Bem. vor Satz 7).

Offen bleibt

Frage 6. Wie gelangt man ohne den Umweg über eine Zerlegung von einer monotonen Differentiation zu einem linearen Lifting?

Wie man umgekehrt von einem linearen Lifting direkt zu einer monotonen Differentiation gelangt, wird in § 6 gezeigt.

Satz 10. Für einen Maßraum gilt das SEGALsche Lokalisationsprinzip monoton genau dann, wenn er ein lineares Lifting besitzt.

Der Beweis folgt wiederum unmittelbar aus den Sätzen 7 und 8.

Hier bleibt offen

Frage 7. Wie gelangt man ohne den Umweg über eine Zerlegung von einer monotonen Lokalisation zu einem linearen Lifting?

In § 6 wird gezeigt, wie man umgekehrt von einem linearen Lifting direkt zu einer monotonen Lokalisation gelangt.

Definition. Lineares Lifting auf dem System $\mathfrak{M}$ der meßbaren Funktionen eines Maßraumes heißt eine Abbildung l von $\mathfrak{M}$ in sich, wofür neben (24) noch gilt:

(34) $l(f_1) = l(f_2)$, wenn $f_1 = f_2$ bis auf eine lokale Nullmenge,

(35) l ist linear

und

(36) $l(f) \geqq 0$, wenn $f \geqq 0$ bis auf eine lokale Nullmenge.

Hilfssatz 11. Besitzt ein Maßraum ein lineares Lifting, so besitzt das zugehörige System der meßbaren Funktionen ebenfalls ein lineares Lifting.

Beweis. Für den Maßraum $\underline{M}$ sei L ein lineares Lifting. Hierfür kann nach Hilfssatz 8' aufgenommen werden, daß $L(\emptyset) = \emptyset$ und $L(E) = E$ gilt.

Nach Hilfssatz 10 ist L auch ein monotones Lifting. Es bezeichne l das im Beweis von Hilfssatz 9 konstruierte monotone Lifting auf dem $\mathfrak{M}$, welches zu $\underline{M}$ gehört. Mit (25) hat l auch die Eigenschaft (34).

Beweis der Linearität von l.

1. Es seien $\alpha \in R^+$ und $f \in \mathfrak{M}$ beliebig. Behauptung. $l(\alpha \cdot f) = \alpha \cdot l(f)$. Beweis. Es ist zu beweisen (vergleiche HAUPT-AUMANN-PAUC [8], Bd. III, 4.4.1), daß für alle $\rho, \rho' \in P$ mit $\rho < \rho'$ gilt.

(37) $L(\{\alpha \cdot f < \rho\}) \subseteq \{\alpha \cdot l(f) < \rho'\}$

und

(38) $\{\alpha \cdot l(f) < \rho\} \subseteq L(\{\alpha \cdot f < \rho'\})$

Im Falle $\alpha > 0$ folgt (38) unmittelbar aus (26). Andererseits gilt in diesem Falle (vergleiche HAUPT-AUMANN-PAUC [8], loc. cit.)

$$\{\alpha \cdot l(f) < \rho\} \subseteq L(\{\alpha \cdot f < \rho\}),$$

woraus wegen der Monotonie von L folgt, daß (39) gilt.

Im Falle $\alpha = 0$ und $\rho > 0$ gilt die Behauptung wegen $L(E) = E$.
Im Falle $\alpha = 0$ und $\rho \leq 0$ gilt die Behauptung wegen $L(\emptyset) = \emptyset$.

Hiermit ist die positive Homogenität von l bewiesen.

2. Beweis der Additivität analog dem der positiven Homogenität mit Hilfe der Beziehung

$$\{g + g' < \rho\} = \bigcup_{\sigma \in P} \{g < \sigma\} \cap \{g' < \rho - \sigma\},$$

welche für jedes $\rho \in P$ und beliebige $g, g' \in \overline{R}^E$ gilt.

Für die Additivität von l ist zu beweisen, daß für beliebige $\rho, \rho' \in P$ mit $\rho < \rho'$ gilt

(39) $L(\{f + f' < \rho\}) \subseteq \{l(f) + l(f') < \rho'\}$

und

(40) $\{l(f) + l(f') < \rho\} \subseteq (\{f + f' < \rho'\})$.

Beweis von (39). Für $\rho < \rho'$ aus P gilt

$$\{l(f) + l(f') < \rho'\} = \bigcup_{\rho' > \sigma \in P} \{l(f) < \sigma\} \cap \{l(f') < \rho' - \sigma\} =$$

$$= \bigcup_{\rho' > \sigma \in P} \bigcup_{\sigma > \varkappa \in P} L(\{f < \varkappa\}) \cap \bigcup_{\rho' - \sigma > \lambda \in P} L(\{f' < \lambda\}) =$$

$$= \bigcup_{\rho' > \sigma \in P} \bigcup_{\substack{\sigma > \varkappa \in P \\ \rho' - \sigma > \lambda \in P}} L(\{f < \varkappa\} \cap \{f' < \lambda\}) \supseteq$$

$$\supseteq L\Big(\bigcup_{\rho'>\sigma\in P}\ \bigcup_{\substack{\sigma>\varkappa\in P\\ \rho'-\sigma>\lambda\in P}}\{f<\varkappa\}\cap\{f'<\lambda\}\Big)=$$

$$= L\,(\{f+f'<\rho'\}\supseteq L\,(\{f+f'\}<\rho)$$

Hierbei wurden (26) und (31) sowie die Monotonie von L benutzt.

Der Beweis von (40) kann ganz analog dem von (39) geführt werden.

Aus der Additivität und der positiven Homogenität von l folgt wie üblich, daß l linear ist.

Beweis von (36). Es sei $f \geqq 0$ bis auf eine lokale Nullmenge. Dann ist wegen $L(\emptyset) = \emptyset$ und (30) die Menge $L\,(\{f < \rho\})$ für jedes $\rho < 0$ leer. Nun folgt aus (26), daß $l(f) \geqq 0$ gilt.

<u>Definition</u>. Ein lineares Lifting für das System $\mathfrak{L}^{\infty}$ der meßbaren und bis auf eine lokale Nullmenge beschränkten Funktionen eines Maßraumes ist eine Abbildung l von $\mathfrak{L}^{\infty}$ in sich, welche die Bedingungen (24) und (34) - (36) erfüllt.

<u>Hilfssatz 12</u> (IONESCU-TULCEA). Besitzt ein Maßraum ein lineares Lifting L, so existiert für das zugehörige System $\mathfrak{L}^{\infty}$ ein lineares Lifting l, welches multiplikativ ist und wofür gilt

$$l(\chi_M) = \chi_{L(M)} \quad \text{für jede meßbare Menge } M\ ^{2)}.$$

Der Beweis wurde von IONESCU-TULCEA [9], prop. 2, erbracht. Die dort allgemein vorausgesetzte Endlichkeit des Maßraumes ist hierfür unwesentlich, ebenso, daß dort statt $\mathfrak{L}^{\infty}$ das System der überall beschränkten meßbaren Funktionen behandelt wird. Dasselbe gilt auch für den Beweis des folgenden Satzes.

<u>Liftingsatz von IONESCU-TULCEA</u>. a) Existiert für das System $\mathfrak{L}^{\infty}$ eines Maßraumes ein lineares Lifting, so existiert hierfür auch ein lineares Lifting, welches gleichzeitig multiplikativ ist und wofür $l(1) = 1$ gilt.

b) Ein Maßraum $\underline{M}$ besitzt ein lineares Lifting, wenn für $\mathfrak{L}^{\infty}(\underline{M})$ ein lineares Lifting existiert.

---

2) Eine Übertragung dieser Behauptung auf $\mathfrak{M}$ ist nicht möglich, wie von NEUMANN [18] durch ein Gegenbeispiel zeigte.

Zusatz. Ist l ein lineares Lifting für $\mathfrak{L}^\infty$, so gilt, wenn $\| \ \|$ die Maximum-Norm und $\| \ \|_\infty$ die wesentliche Maximum-Norm auf $\mathfrak{L}^\infty$ bezeichnet:

(41) $\qquad \|l(f)\| \leq \|f\|_\infty$ für jedes $f \in \mathfrak{L}^\infty$.

Beweis. a) wurde von IONESCU-TULCEA [9], prop. 4, mit Hilfe des Satzes von KREIN-MILMAN bewiesen. b) folgt aus a); denn ist l ein lineares und multiplikatives Lifting für $\mathfrak{L}^\infty(\underline{M})$, so wird durch

$$L(M) = \{l(\chi_M) = 1\} \quad \text{für jede meßbare Menge } M$$

ein lineares Lifting für $\underline{M}$ definiert. Der Zusatz folgt mit Hilfe von $l(1) = 1$ und

$$l(|f|) = |l(f)| \quad \text{für jedes } f \in \mathfrak{L}^\infty.$$

§ 6. Lineare Verschärfung des Satzes von RADON-NIKODYM.

Definition. Für einen Maßraum $(E, \mathfrak{m}, \varphi)$ gilt der Satz von RADON-NIKODYM linear, wenn zu jedem φ-stetigen Maß ψ auf $\mathfrak{m}$ eine solche Ableitung f_ψ nach φ existiert, daß für alle $\alpha_1, \alpha_2 \in R^+$ und alle φ-stetigen Maße ψ_1, ψ_2 auf $\mathfrak{m}$ gilt:

$$f_\psi = \alpha_1 f_{\psi_1} + \alpha_2 f_{\psi_2}, \text{ wenn } \psi = \alpha_1\psi_1 + \alpha_2\psi_2.$$

Die Zuordnung $\psi \to f_\psi$ heißt dann eine lineare Differentiation.

Satz 11. a) Jede lineare Differentiation ist eine monotone Differentiation.

b) Für einen Maßraum gilt der Satz von RADON-NIKODYM linear genau dann, wenn er eine Zerlegung besitzt.

c) Für einen Maßraum gilt der Satz von RADON-NIKODYM linear genau dann, wenn für ihn ein lineares Lifting existiert.

d) Für einen Maßraum gilt der Satz von RADON-NIKODYM linear genau dann, wenn für ihn der Satz von RADON-NIKODYM monoton gilt.

Beweis von a). Es sei $f \to f_\psi$ eine lineare Differentiation. Dann folgt aus $\psi_1 \leq \psi_2$ wegen $f_{\psi_2 - \psi_1} \geq 0$, daß

$$f_{\psi_2} = f_{\psi_1} + f_{\psi_2 - \psi_1} \geq f_{\psi_1}$$

gilt.

Beweis von b) und c). 1. Für $\underline{M}$ gelte der Satz von RADON-NIKODYM linear. Dann gilt er nach a) für $\underline{M}$ auch monoton. Also ist Satz 4 anwendbar und ergibt für $\underline{M}$ die Existenz einer Zerlegung.

2. Für $\underline{M}$ existiere eine Zerlegung. Dann besitzt $\underline{M}$ nach Satz 5 ein lineares Lifting, und nach Satz 1 gilt für $\underline{M}$ der Satz von RADON-NIKODYM schlechthin. Auf Grund von Hilfssatz 11 existiert für das zu $\underline{M}$ gehörige $\mathfrak{M}$ ein lineares Lifting l. Ist nun $\psi \to f_\psi$ eine gewöhnliche Differentiation, so wird durch die Zuordnung

$$\psi \to l(f_\psi)$$

eine lineare Differentiation für $\underline{M}$ definiert. (So wurde bereits im monotonen Falle (Bemerkung 2 nach Satz 6) vorgegangen.)

Der Beweis von d) folgt aus a) oder b) und Satz 8.

Folgende Fragen sind wegen der Behauptungen a) und d) des letzten Satzes von Interesse.

Frage 8. Ist jede monotone Differentiation eine lineare Differentiation?

Frage 9. Wie gelangt man ohne den Umweg über eine Zerlegung von einer monotonen - zu einer linearen Differentiation?

Gewinnung eines linearen Liftings aus einer linearen Differentiation, ohne eine Zerlegung.

Für einen Maßraum $\underline{M} = (E, m, \varphi)$ existiere eine lineare Differentiation

$$\psi \to f_\psi .$$

Es sei $g \in \mathfrak{L}^\infty$, $g \geqq 0$ und $M \in m$ beliebig. Dann wird durch

$$\psi_g(M) = \sup \{\int_S g d\varphi \ : \ S \in \mathfrak{s} \subseteq M\}$$

ein φ-stetiges Maß auf m definiert. (Dies folgt wie der Beweis für ψ bei Satz 2.) Es sei

$$l(g) = f_{\psi_g} ,$$

und für $g_0 \in \mathfrak{L}^\infty$ beliebig sei

$$l(g_0) = l(g_0^+) - l(g_0^-)$$

gesetzt.

Behauptung. l ist ein lineares Lifting für $\mathfrak{L}^\infty$.

Beweis. Es sei $g \in \mathfrak{L}^\infty$ und $g \geq 0$. Dann ist neben $l(g)$ auch g selber eine Ableitung von ϕ_g nach φ. Nach Hilfssatz 3 gilt also $g = l(g)$ bis auf eine lokale φ-Nullmenge. Also ist (24) erfüllt, und mit g liegt auch $l(g)$ in $\mathfrak{L}^\infty$. Durch l wird also $\mathfrak{L}^\infty$ in sich abgebildet.

Wenn andererseits $g_1 = g_2 \geq 0$ bis auf eine Nullmenge gilt, so folgt $\phi_{g_1} = \phi_{g_2}$, also $l(g_1) = l(g_2)$.

Hieraus folgt (34) allgemein.

Behauptung. l ist linear.

Beweis. Offenbar gilt für $g \in \mathfrak{L}^\infty$, $g \geq 0$ und $\alpha \in R^+$ stets $\phi_{\alpha g} = \alpha \cdot \phi_g$. Daher ist mit $\phi \to f_\phi$ auch l positiv homogen.

Beweis der Additivität von l. Es seien $g_1, g_2 \in \mathfrak{L}^\infty$ nicht negativ. Dann gilt natürlich

$$\phi_{g_1 + g_2} \leq \phi_{g_1} + \phi_{g_2}$$

Nun seien $\epsilon > 0$ und $M \in \mathfrak{m}$ beliebig. Dann existieren $S_1, S_2 \in \mathfrak{s} \subseteq M$ mit

$$\int_{S_n} g_n \, d\varphi + \epsilon > \phi_{g_n}(M) \quad \text{für } n=1,2.$$

Hieraus folgt

$$\int_{S_1 \cup S_2} (g_1+g_2) d\varphi + 2 \cdot \epsilon > \phi_{g_1}(M) + \phi_{g_2}(M).$$

Weil ϵ beliebig positiv war und $S_1 \cup S_2 \in \mathfrak{s} \subseteq M$ gilt, folgt

$$\phi_{g_1 + g_2}(M) \geq \phi_{g_1}(M) + \phi_{g_2}(M).$$

Also gilt $\phi_{g_1 + g_2} = \phi_{g_1} + \phi_{g_1}$. Daher ist mit $\phi \to f_\phi$ auch l additiv.

Schließlich ist mit $\phi \to f_\phi$ auch l monoton (Satz 11, a), so daß auch (36) gilt.

Auf l ist nun der Liftingsatz von IONESCU-TULCEA anwendbar und ergibt die Existenz eines linearen Liftings für $\underline{M}$.

§ 7. Monotone, lineare und isometrische Verschärfung des Satzes von RIESZ.

Definitionen. Es bezeichne $\underline{M}$ einen Maßraum und $L^{1'}(\underline{M})$ den Dualraum von $L^1(\underline{M})$.

Für $\underline{M}$ gilt der Satz von RIESZ, wenn zu jedem $\Psi \in L^{1'}(\underline{M})$ ein $f_\Psi \in \mathfrak{L}^\infty(\underline{M})$ existiert, so daß

(42) $$\Psi(\hat{f}) = \int f f_\Psi d\varphi \quad \text{für jedes } f \in \mathfrak{L}^1(\underline{M})$$

gilt. Die Zuordnung $\Psi \to f_\Psi$ heiße eine R-Differentiation für $\underline{M}$.

Für $\underline{M}$ gilt der Satz von RIESZ monoton, linear oder isometrisch, wenn eine R-Differentiation $\Psi \to f_\Psi$ für $\underline{M}$ existiert, welche monoton, linear oder isometrisch ist. Hierbei bedeute isometrisch, daß für die Maximum-Norm $\|f_\Psi\|$ von f_Ψ gilt

$$\|f_\Psi\| = \|\Psi\|.$$

Die Zuordnung $\Psi \to f_\Psi$ heiße entsprechend eine monotone, lineare oder isometrische R-Differentiation für $\underline{M}$.

Satz 12. Sowohl für die Gültigkeit des Satzes von RIESZ monoton wie auch für die Gültigkeit des Satzes von RIESZ linear ist die Existenz einer Zerlegung notwendig und hinreichend.

Der Beweis knüpft an die bekannte Äquivalenz des Satzes von RIESZ mit dem Satz von RADON-NIKODYM an:

1. Für den Maßraum $\underline{M} = (E, \mathfrak{m}, \varphi)$ gelte der Satz von RIESZ, und es sei ψ ein beliebiges φ-stetiges Maß auf $\mathfrak{m}$. Für jede natürliche Zahl n sei

$$\psi_n = \min(n\cdot\varphi, \psi).$$

Dann gilt

$$\psi_n \leq \psi_{n+1} \quad \text{und} \quad \psi_n \leq n\cdot\varphi \quad \text{für jedes } n,$$

und nach Hilfssatz 2 gilt $\psi = \sup \psi_n$.

Für jedes n und jedes $f \in \mathfrak{L}^1(\underline{M})$ sei

(43) $$\Psi_n(\hat{f}) = \int f d\psi_n.$$

Dann folgt aus $\psi_n \leq n\cdot\varphi$, daß

$$|\Psi_n(\hat{f})| \leq n\cdot\|\hat{f}\|_1 \quad \text{für jedes } f \in \mathfrak{L}^1(\underline{M})$$

gilt (vergleiche SEGAL [23], th. 5.1, proof E.). Also gilt $\Psi_n \in L^{1'}(\underline{M})$ und außerdem $\Psi_n \geq 0$ für jedes n.

Nach Voraussetzung existiert eine R-Differentiation $\Psi \to f_\Psi$ auf $\underline{M}$. Wegen $\Psi_n \geq 0$ folgt dann $f_{\Psi_n} \geq 0$ bis auf eine lokale Nullmenge, für jedes n. Es sei $f_n = f^+_{\Psi_n}$ gesetzt. Dann folgt:

f_n ist eine Ableitung von ψ_n nach φ und $f_n \leq f_{n+1}$ für jedes n. Hieraus folgt nach Hilfssatz 4, daß $f_\psi = \sup_n f_n$ eine Ableitung von ψ nach φ ist.

Nun sei die R-Differentiation $\Psi \to f_\Psi$ monoton.

Behauptung. $\psi \to f_\psi$ ist eine monotone Differentiation auf $\underline{M}$.

Beweis. Es seien ψ_1 und ψ_2 zwei φ-stetige Maße auf $\mathfrak{m}$, wofür $\psi_1 \leq \psi_2$ gilt. Für i = 1,2 und jedes n sei

$$\psi_{i,n} = \min(n\cdot\varphi, \psi_i)$$

und $\Psi_{i,n}$ das entsprechend (43) zu $\psi_{i,n}$ gehörige Funktional. Dann gilt

$$\psi_{1,n} \leq \psi_{2,n}, \text{ also } \Psi_{1,n} \leq \Psi_{2,n} \text{ für jedes n.}$$

Hieraus folgt wegen der Monotonie der R-Differentiation $\Psi \to f_\Psi$, wenn $f_{i,n} = f_{\Psi_{i,n}}$ für i = 1,2 und jedes n gesetzt wird, daß

$$f_{1,n} \leq f_{2,n} \quad \text{für jedes n}$$

gilt, woraus sich

$$f_{\psi_1} = \sup_n f_{1,n} \leq \sup_n f_{2,n} = f_{\psi_2}$$

ergibt.

Jetzt sei die R-Differentiation $\Psi \to f_\Psi$ linear.

Behauptung. Auf $\underline{M}$ existiert eine lineare Differentiation.

Beweis. Weil $\psi \to f_\psi$ eine Differentiation auf $\underline{M}$ ist, genügt es nach Satz 11, c) zu zeigen, daß auf $\underline{M}$ ein lineares Lifting existiert. Dies läßt sich ähnlich wie die Gewinnung eines linearen Liftings aus einer linearen Differentiation auf Seite 42 zeigen: Für jedes $g \in \mathfrak{L}^\infty(\underline{M})$ wird durch

$$(44) \qquad \Psi_g(\hat{h}) = \int gh\,d\varphi \quad (h \in \mathfrak{L}^1(\underline{M}))$$

ein Element $\Psi_g \in L^{1'}(\underline{M})$ definiert. Hiermit folgt ohne weiteres, daß durch die Zuordnung

$$g \to f_{\Psi_g}$$

ein lineares Lifting auf $\mathfrak{L}^{\infty}(\underline{M})$ gegeben ist. Nach dem Liftingsatz von IONESCU-TULCEA existiert also auf $\underline{M}$ ein lineares Lifting.

Aus der Gültigkeit des Satzes von RADON-NIKODYM monoton oder linear folgt nach Satz 11 die Existenz einer Zerlegung.

2. Für $\underline{M} = (E, \mathfrak{m}, \varphi)$ existiere eine Zerlegung. Es sei $\Psi \in L^{1'}(\underline{M})$ beliebig. Weil Ψ beschränkt ist, gilt

(45) $$|\Psi(\hat{f})| \leq \|\Psi\| \cdot \|\hat{f}\|_1 \quad \text{für jedes } f \in \mathfrak{L}^1(\underline{M}).$$

Für die folgenden Behauptungen 1 - 3 sei $\Psi \geq 0$ vorausgesetzt. Aus (45) folgt unmittelbar:

Behauptung 1. Wenn (f_n) eine monoton fallende Folge aus $\mathfrak{L}^1(\underline{M})$ mit $\inf_n f_n = 0$ ist, so gilt $\inf_n \Psi(f_n) = 0$.

Für jedes $M \in \mathfrak{m}$ sei

(46) $$\psi(M) = \sup\{\Psi(f) : f \in \mathfrak{L}^1(\underline{M}),\ 0 \leq f \leq \chi_M\}.$$

Behauptung 2. ψ ist ein Maß auf $\mathfrak{m}$, wofür $\psi \leq \|\Psi\| \cdot \varphi$ gilt.

Daß ψ ein Maß auf $\mathfrak{m}$ ist, folgt mit Hilfe von Behauptung 1 analog dem Beweis für ψ bei Satz 2. Aus (45) folgt $\psi \leq \|\Psi\| \cdot \varphi$ unmittelbar.

Behauptung 3. Jede φ-summierbare Funktion f ist ψ-summierbar, und es gilt

(47) $$\int f d\psi = \Psi(\hat{f}).$$

Beweis. Für jede φ-summierbare Menge S gilt $\psi(S) \leq \|\Psi\| \varphi(S)$ und

$$\int \chi_S d\psi = \psi(S) = \Psi(\hat{\chi}_S).$$

Hieraus folgt für jede Treppenfunktion $f = \sum_{\nu=1}^{n} c_\nu \chi_{S_\nu}$, wobei die S_ν φ-summierbar sind, daß (47) gilt.

Nun sei $f \geq 0$ beliebig φ-summierbar. Dann existiert bekanntlich eine Folge (f_n) φ-summierbarer Treppenfunktionen, so daß gilt

$$0 \leq f_n \leq f_{n+1} \leq f \quad \text{für jedes n und } \sup_n \int f_n d\varphi = \int f d\varphi.$$

Hieraus folgt, daß $f_n \uparrow f$ φ-fast überall, also wegen $\psi \leq \|\Psi\| \cdot \varphi$ auch ψ-fast überall gilt. Aus dem bereits Bewiesenen folgt:

$$\int f_n \, d\psi = \Psi(\hat{f}_n) \leq \|\Psi\| \cdot \int f_n \, d\varphi < \infty \quad \text{für jedes } n.$$

Nun ergibt der Satz von LEVI:

$$f \text{ ist } \psi\text{-summierbar und } \int f d\psi = \sup_n \int f_n \, d\psi = \sup_n \Psi(\hat{f}_n).$$

Weil $f_n \uparrow f$ φ-fast überall, folgt aus Behauptung 1, daß $\sup_n \Psi(\hat{f}_n) = \Psi(\hat{f})$ gilt, woraus sich schließlich (47) ergibt. Durch Übergang zu Positiv- und Negativteil von f folgt die Behauptung 3 allgemein.

Weil $\underline{M}$ eine Zerlegung besitzt, existiert nach den Sätzen 8 und 11 auf $\underline{M}$ eine lineare und monotone Differentiation $\psi \to f_\psi$. Bekanntlich gilt $\Psi = \Psi^+ - \Psi^-$, wobei Ψ^+ und Ψ^- nicht negative Funktionale aus $L^{1'}(\underline{M})$ sind. Die zu Ψ^+ und Ψ^- entsprechend (46) gehörigen Maße seien mit ψ^+ und ψ^- bezeichnet. Hiermit sei

$$f_{\Psi^+} = f_{\psi^+}, \; f_{\Psi^-} = f_{\psi^-} \quad \text{und} \quad f_\Psi = f_{\Psi^+} - f_{\Psi^-} .$$

Behauptung 4. $\Psi \to f_\Psi$ ist eine lineare und monotone R-Differentiation auf $\underline{M}$.

Beweis. Aus Behauptung 2 und Hilfssatz 3 folgt zunächst:

$0 \leq f_{\Psi^+} \leq \|\Psi^+\|$ und $0 \leq f_{\Psi^-} \leq \|\Psi^-\|$ bis auf eine lokale φ-Nullmenge.

Hieraus folgt, daß f_{Ψ^+}, f_{Ψ^-} und damit auch f_Ψ in $\mathfrak{L}^\infty(\underline{M})$ liegen. Ferner folgt aus Behauptung 3, daß für Ψ^+ und f_{Ψ^+} sowie für Ψ^- und f_{Ψ^-} die (42) entsprechenden Gleichungen gelten. Daraus ergibt sich, daß $\Psi \to f_\Psi$ eine R-Differentiation auf $\underline{M}$ ist.

Beweis der Linearität von $\Psi \to f_\Psi$.

Wegen der Linearität von $\psi \to f_\psi$ gilt

$$f_\Psi = \alpha_1 f_{\Psi_1} + \alpha_2 f_{\Psi_2}, \text{ wenn } \Psi = \alpha_1 \Psi_1 + \alpha_2 \Psi_2$$

$$\text{und } \Psi_1, \Psi_2 \geq 0 \text{ sowie } \alpha_1, \alpha_2 \geq 0.$$

Aus der Definition von f_Ψ folgt aber, daß $f_{-\Psi} = -f_\Psi$ gilt. Also ist $\Psi \to f_\Psi$ linear.

Satz 13. Für einen Maßraum gilt der Satz von RIESZ isometrisch genau dann, wenn er eine Zerlegung besitzt.

Beweis. 1. Für den Maßraum $\underline{M} = (E, m, \varphi)$ existiere eine Zerlegung. Nach ZAANEN [25], § 45, th. 3, existiert dann eine R-Differentiation $\Psi \to f_\Psi$, wofür

$$(48) \qquad \|\hat{f}_\Psi\|_\infty = \|\Psi\|$$

gilt. (Die Eigenschaft $\cup\mathfrak{z} = E$ der von ZAANEN vorausgesetzten Zerlegung $\mathfrak{z}$ ist hierbei unwesentlich.) Nach Satz 7 existiert für $\underline{M}$ ein lineares Lifting. Hieraus folgt nach Hilfssatz 12 und dem Zusatz zum Liftingsatz von IONESCU-TULCEA, daß für $\mathfrak{L}^\infty(\underline{M})$ ein lineares Lifting l existiert, so daß (41) gilt. Mit $\Psi \to f_\Psi$ ist auch $\Psi \to l(f_\Psi)$ eine R-Differentiation für $\underline{M}$, und für die letztere gilt wegen (41) und (48) die Ungleichung

$$\|l(f_\Psi)\| \leq \|\Psi\| .$$

Da die umgekehrte Ungleichung trivialerweise gilt, ist $\Psi \to l(f_\Psi)$ also isometrisch.

2. Für den Maßraum $\underline{M} = (E, m, \varphi)$ existiere eine isometrische R-Differentiation $\Psi \to f_\Psi$. Wie im Beweis von Satz 12 sei für jedes $g \in \mathfrak{L}^\infty(\underline{M})$ das Funktional $\Psi_g \in L^{1'}(\underline{M})$ durch (44) definiert. Wiederum wird behauptet, daß die Zuordnung $l : g \to f_{\Psi_g}$ ein lineares Lifting für $\mathfrak{L}^\infty(\underline{M})$ ist. Hierfür ist nur noch die Linearität von l zu zeigen. Wegen der Isometrie von $\Psi \to f_\Psi$ wird durch l eine isometrische Abbildung l' des BANACH-Raumes $L^\infty(\underline{M})$ in den BANACH-Raum $\mathfrak{B}$ aller beschränkten meßbaren reellwertigen Funktionen auf E (bezüglich der Maximum-Norm auf $\mathfrak{B}$) induziert, welche das Nullelement von $L^\infty(\underline{M})$ in das Nullelement von $\mathfrak{B}$ überführt. Nach dem Satz von MAZUR-ULAM ist daher l' und damit aber auch l linear. Der Liftingsatz von IONESCU-TULCEA ergibt wieder, daß für $\underline{M}$ eine Zerlegung existiert.

Aus dem Beweis der Sätze 12 und 13 ist ersichtlich, daß gilt:

<u>Korollar</u>. Aus der Existenz einer Zerlegung folgt die Existenz einer R-Differentiation, welche gleichzeitig linear und isometrisch ist.

Offen bleibt

<u>Frage 10</u>. Ist jede R-Differentiation $\Psi \to f_\Psi$ linear oder isometrisch, gilt für sie wenigstens stets (48), und folgt aus (48) schon die Isometrie?

§ 8. Lineare und isometrische Verschärfung des Satzes von DUNFORD-PETTIS.

Definitionen. Es sei F ein separierter lokal konvexer Raum über R und F' sein Dualraum sowie $\underline{M} = (E, \mathfrak{m}, \varphi)$ ein Maßraum.

Eine Abbildung $f:E \to F'$ heiße bezüglich $\underline{M}$ skalar meßbar, wenn für jedes $z \in F$ die Funktion $x \to \langle z, f(x) \rangle$ $(x \in E)$ bezüglich $\underline{M}$ meßbar ist.

Die Aussage, daß zwei Abbildungen $f:E \to F'$ und $g:E \to F'$ bezüglich $\underline{M}$ skalar bis auf eine lokale Nullmenge übereinstimmen, bedeute, daß für jedes $z \in F$ gilt

$$\langle z, f \rangle = \langle z, g \rangle \text{ bis auf eine lokale Nullmenge von } \underline{M}.$$

Auf F' sei die schwache Topologie $\sigma(F', F)$ betrachtet. Es bezeichne $\mathfrak{L}^{\infty}_{F'}(\underline{M})$ die Menge aller Abbildungen von E in F', deren jede bezüglich $\underline{M}$ skalar bis auf eine lokale Nullmenge gleich einer (bezüglich $\underline{M}$) skalar meßbaren Abbildung $f:E \to F'$ ist, wofür $f(E)$ in F' gleichstetig. (Im Falle $F = R$ ist $\mathfrak{L}^{\infty}_{F'}(\underline{M})$ mit $\mathfrak{L}^{\infty}(\underline{M})$ zu identifizieren).

Ferner bezeichne $\mathfrak{R}(L^1(\underline{M}), F')$ die Menge aller linearen Abbildungen von $L^1(\underline{M})$ in F', deren jede die Einheitskugel von $L^1(\underline{M})$ in eine gleichstetige Teilmenge von F' überführt.

Ist F ein normierter Vektorraum über R, dann ist $\mathfrak{R}(L^1(\underline{M}), F')$ gleich dem Raum aller stetigen linearen Abbildungen von $L^1(\underline{M})$ in den starken Dualraum von F, also normierbar durch

$$\|\Psi\| = \sup\{\|\Psi(\hat{f})\| : f \in \mathfrak{L}^1(\underline{M}),\ \int |f|\, d\varphi \leq 1\},$$

wobei für $f \in \mathfrak{L}^1(\underline{M})$

$$\|\Psi(\hat{f})\| = \sup\{|\langle z, \Psi(\hat{f}) \rangle| : z \in F, \|z\| \leq 1\}$$

sei. Entsprechend wird in dem Raum $\mathfrak{L}^{\infty}_{F'}(\underline{M})$ eine Halbnorm durch

$$\|f\|_{\infty} = \inf\{\alpha \in R : \|f\| \leq \alpha \text{ bis auf eine lokale Nullmenge}\}$$

definiert, wobei für jedes $x \in E$

$$\|f(x)\| = \sup\{|\langle z, f(x) \rangle| : z \in F, \|z\| \leq 1\}$$

sei. (Im Falle $F = R$ ergibt sich also wieder die wesentliche Maximum-Halbnorm).

Wenn $f \in \mathfrak{L}^{\infty}_{F'}(\underline{M})$ und $z \in F$, so ergibt sich für die wesentliche Maximum-Halbnorm der Funktion $\langle z, f \rangle \in \mathfrak{L}^{\infty}(\underline{M})$, daß gilt

(49) $$\|\langle z,f\rangle\| \leq \|z\|\cdot\|f\|.$$

Für $\underline{M}$ gilt der <u>Satz von DUNFORD-PETTIS</u>, wenn für jeden separierten lokal konvexen Raum F über R zu jedem $\Psi\in\mathfrak{R}(L^1(\underline{M}),F')$ ein $f_\Psi\in\mathcal{Q}^\infty(\underline{M})$ existiert, so daß

(50) $$\langle z,\Psi(\hat{f})\rangle = \int f \langle z,f_\Psi\rangle \, d\varphi \text{ für jedes } f\in\mathcal{Q}^1(\underline{M}) \text{ und jedes } z\in F$$

gilt. Für einen lokal konvexen Raum F heiße die durch (50) definierte Zuordnung $\Psi \to f_\Psi$ eine F-Differentiation für $\underline{M}$.

Für $\underline{M}$ gilt der <u>Satz von DUNFORD-PETTIS linear</u> oder <u>isometrisch</u>, wenn zu jedem separierten lokal konvexen Raum F über R eine F-Differentiation $\Psi \to f_\Psi$ existiert, welche im ersten Falle linear ist, im zweiten Falle für normiertes F der (48) entsprechenden Isometriebedingung genügt. Eine diesen Bedingungen genügende F-Differentiation werde entsprechend linear oder isometrisch genannt.

Bei normiertem F folgt aus (49) für jede F-Differentiation $\Psi \to f_\Psi$ die Ungleichung

$$\|f_\Psi\|_\infty \geq \|\Psi\|.$$

Daher ist die Isometriebedingung äquivalent der Ungleichung

(51) $$\|f_\Psi\|_\infty \leq \|\Psi\|.$$

Der folgende Satz beruht im wesentlichen auf Resultaten von DIEUDONNÉ.

<u>Satz 14</u>. Sowohl für die Gültigkeit des Satzes von DUNFORD-PETTIS linear wie auch für die Gültigkeit des Satzes von DUNFORD-PETTIS isometrisch ist die Existenz einer Zerlegung hinreichend und notwendig.

Beweis. 1a. Aus Satz 12 folgt die Notwendigkeit der Existenz einer Zerlegung für die Gültigkeit des Satzes von DUNFORD-PETTIS linear.

1b. Für $\underline{M}$ gelte der Satz von DUNFORD-PETTIS isometrisch. DIEUDONNÉ [5] zeigte, daß dann ein sogenanntes Relèvement für $L^\infty(\underline{M})$ existiert.

Dies ist eine lineare Abbildung l_0 von $L^{\infty}(\underline{M})$ in $\mathfrak{L}^{\infty}(\underline{M})$, wofür die (41) entsprechende Bedingung gilt. Hierzu wandte DIEUDONNÉ den Satz von DUNFORD-PETTIS auf $F = L^{\infty}(\underline{M})$ und Ψ, definiert durch

$$< g,\Psi(\hat{f}) > = \int fg\, d\varphi \text{ für jedes } f\in\mathfrak{L}^1(\underline{M}) \text{ und jedes } g\in\mathfrak{L}^{\infty}(\underline{M}),$$

an und definierte l_0 durch

$$l_0(g) = < g,f_\Psi > \quad \text{für jedes } g\in\mathfrak{L}^{\infty}(\underline{M}).$$

IONESCU-TULCEA [10] modifizierten f_Ψ, so daß l_0 auch die (36) entsprechende Bedingung erfüllt und damit ein lineares Lifting auf $\mathfrak{L}^{\infty}(\underline{M})$ induziert. Die Anwendung des Liftingsatzes und des Satzes 7 ergibt die Existenz einer Zerlegung für $\underline{M}$.

2a. Für den Satz von DUNFORD-PETTIS, eingeschränkt auf BANACH-Räume F, gab DIEUDONNÉ [5] einen Beweis, welcher nur die Existenz einer R-Differentiation mit der schwachen Isometriebedingung (48) und das Vorhandensein eines Relèvement für $L^{\infty}(\underline{M})$ voraussetzt. Dieser Beweis wurde von BOURBAKI [3], chap. VI, auf den allgemeinen Fall beliebiger separierter lokal konvexer Räume F über R erweitert und verläuft wie folgt: Es bezeichne r die Abbildung von $L^{1'}(\underline{M})$ in $L^{\infty}(\underline{M})$, welche durch die vorausgesetzte R-Differentiation induziert wird. Ferner bezeichne π den kanonischen Isomorphismus von $\mathfrak{R}(L^1(\underline{M}),F')$ auf den Raum aller stetigen linearen Abbildungen von F in $L^{1'}(\underline{M})$. Dann wird die F-Differentiation $\Psi \to f_\Psi$ definiert durch

$$< z,f_\Psi > = < z,l_0 r\pi\Psi > \qquad (z\in F).$$

Es folgt, daß diese der Bedingung (51) genügt, also isometrisch ist. Andererseits ist wegen der Linearität von π und l_0 mit r auch $\Psi \to f_\Psi$ linear.

2b. Besitzt nun ein Maßraum $\underline{M}$ eine Zerlegung, so existiert einerseits nach dem Korollar zu den Sätzen 12 und 13 eine zugleich lineare und isometrische R-Differentiation für $\underline{M}$, andererseits nach Satz 7 und dem Liftingsatz von IONESCU-TULCEA mit Zusatz ein lineares Lifting l für $\mathfrak{L}^{\infty}(\underline{M})$, so daß (41) gilt. Es folgt, daß die durch l induzierte Abbildung von $L^{\infty}(\underline{M})$ in $\mathfrak{L}^{\infty}(\underline{M})$

ein Relèvement ist. Also ist die Konstruktion von DIEUDONNÉ durchführbar und ergibt für jedes F eine zugleich lineare und isometrische F-Differentiation.

Bemerkungen zum Beweis von Satz 14.

1. Bei Zugrundelegung einer gleichzeitig linearen und isometrischen R-Differentiation - wie oben, im Falle des Vorhandenseins einer Zerlegung - kann auf die Verwendung eines Relèvements verzichtet und f_Ψ einfach durch

$$< z, f_\Psi > = < z, r\pi\Psi > \qquad (z \in F)$$

definiert werden.

2. IONESCU-TULCEA [10] behandelten nur Maßräume, welche zu (dem BOURBAKI-Integral über) einem RADONschen Maße gehören (vergl. § 17). Ihre Beweise gelten aber für alle Maßräume, welche die Generalvoraussetzung erfüllen.

3. IONESCU-TULCEA [10] benutzten die Existenz eines Liftings, um - wie den Satz von DUNFORD-PETTIS - auch andere Sätze über Integraldarstellungen linearer Operatoren von Separabilitätsvoraussetzungen zu befreien.

§ 9. Eigenschaften liftinginvarianter meßbarer Mengen und Funktionen.

Fortan bezeichne $\overline{\int} f\, d\varphi$ das zu einer Funktion $f\ \overline{R}^E$ bezüglich eines Maßraumes (E, m, φ) gehörige obere Integral.

Satz 15 (MAHARAM und IONESCU-TULCEA). Für einen Maßraum $\underline{M} = (E, m, \varphi)$ existiere ein lineares Lifting L, und l bezeichne das zu L gehörige lineare multiplikative Lifting auf $\mathfrak{L}^\infty$.

Es sei $\mathfrak{J} \subseteq \mathfrak{L}^{\infty +}$, so daß gilt

$$l(f) = f \quad \text{für jedes } f \in \mathfrak{J}.$$

Behauptung a) Es gilt $\sup \mathfrak{J} \in \mathfrak{M}$.

Behauptung b) Wenn $\mathfrak{J}$ wachsend gerichtet und ψ ein φ-stetiges Maß auf m ist, dann gilt

$$\overline{\int_S} \sup \mathfrak{F} d\psi = \sup \{\int_S f\, d\psi : f \in \mathfrak{F}\} \quad \text{für jedes } S \in \Phi_\varphi.$$

Beweis. MAHARAM [16], th. 4, bewies Behauptung a) für den Fall, daß $\mathfrak{F}$ aus charakteristischen Funktionen besteht (also für Mengen). IONESCU-TULCEA [10], A.I.(P), bewiesen die Behauptungen für den Fall der BOURBAKI-Integrale über RADONschen Maßen und, statt $\mathfrak{L}^\infty$, für das System

$$\{f \in R^E : f \in \mathfrak{M},\ f\chi_K \in \mathfrak{L}^\infty \text{ für jedes kompakte } K\}.$$

Ihr Beweis läßt sich auf den obigen Fall übertragen, indem an Stelle der kompakten Mengen die aus Φ_φ und neben $\underline{M}$ der zugehörige wesentliche Maßraum betrachtet wird. Die Benutzung des zugehörigen wesentlichen Maßraumes läßt sich wie folgt vermeiden:

Beweis der Behauptung a) sowie der Behauptung b) für den Fall $\psi = \varphi$. Es sei $f_\infty = \sup \mathfrak{F}$.

1. Fall. f_∞ ist beschränkt. Mit $\mathfrak{F}'$ sei das System der Maxima von je endlich vielen Elementen aus $\mathfrak{F}$ bezeichnet. Dann ist $\mathfrak{F}'$ wachsend gerichtet, $\sup \mathfrak{F}' = \sup \mathfrak{F}$ und

(52) $\qquad l(f) = f \qquad$ für jedes $f \in \mathfrak{F}'$.

Letzteres folgt aus der Bemerkung von IONESCU-TULCEA, loc. cit., daß

$$\max(l(f), l(g)) = l(\max(f,g)) \quad \text{für alle } f,g \in \mathfrak{L}^\infty$$

gilt.

Für den Beweis von Behauptung a) genügt es nach Hilfssatz 1, zu zeigen, daß

$$f\chi_S \in \mathfrak{M} \qquad \text{für jedes } S \in \Phi_\varphi$$

gilt.

Es sei $S \in \Phi_\varphi$ beliebig und

$$s = \sup \{\int_S f d\varphi : f \in \mathfrak{F}'\}$$

Dann existiert eine Folge (f_n) aus $\mathfrak{F}'$ mit

$$s = \sup_n \int_S f_n \, d\varphi .$$

Weil $\mathfrak{J}'$ wachsend gerichtet ist, kann (f_n) als monoton wachsend angenommen werden. Es sei $g = \sup_n f_n$. Dann ist g summierbar und $\int_S g d\varphi = s$.

Behauptung 1. $\int_S \max(f,g)\, d\varphi \leq s$ für jedes $f \in \mathfrak{J}'$.

Dies gilt, weil für jedes n, mit f auch $\max(f,f_n)$ in $\mathfrak{J}'$ liegt, also

$$\int_S \max(f,f_n)\, d\varphi \leq s \text{ für jedes } n$$

gilt

Behauptung 2. $\chi_S f \leq \chi_S g$ fast überall für jedes $f \in \mathfrak{J}'$.

Beweis. Für $f \in \mathfrak{J}'$ gilt

$$\max(f,g) = g + (f - g)^+ .$$

Hieraus folgt wegen Behauptung 1. und $\int_S g d\varphi = s$, daß

$$\int_S (f - g)^+ d\varphi = 0$$

gilt, woraus die Behauptung folgt.

Aus Behauptung 2. folgt

$$l(\chi_S f) \leq l(\chi_S g) \text{ für jedes } f \in \mathfrak{J}'.$$

Wegen der Multiplikativität von l, der Beziehung

$$l(\chi_S) = \chi_{L(S)} \text{ und wegen (52) gilt}$$

$$l(\chi_S f) = \chi_{L(S)} f \text{ für jedes } f \in \mathfrak{J}' \text{ und}$$

$$l(\chi_S g) = \chi_{L(S)} l(g).$$

Nun folgt

$$\chi_{L(S)} g \leq \chi_{L(S)} f_\infty \leq \chi_{L(S)} l(g).$$

Wegen (24) gilt also

$$\chi_{L(S)}f_\infty = \chi_{L(S)}g \text{ bis auf eine lokale } \varphi\text{-Nullmenge.}$$

Weil $S \in \mathfrak{s}_\varphi$, folgt aus (21) somit

$$\chi_S f_\infty = \chi_S g \qquad \text{bis auf eine } \varphi\text{-Nullmenge.}$$

Also ist mit $\chi_S g$ auch $\chi_S f_\infty$ φ-summierbar. Daher ist f_∞ meßbar. Außerdem folgt

$$\int_S f_\infty \, d\varphi = \int_S g \, d\varphi.$$

Wegen $\int_S g \, d\varphi = s$ gilt daher

$$\int_S f_\infty \, d\varphi = \sup \{\int_S f \, d\varphi : f \in \mathfrak{I}\},$$

wenn $\mathfrak{I}$ wachsend gerichtet ist.

2. Fall. f_∞ ist nicht beschränkt. Wie IONESCU-TULCEA, loc. cit., bemerken, läßt sich dieser Fall auf den ersten zurückführen durch Betrachtung von

$$\{ \min(f,n) : f \in \mathfrak{I}\}$$

für jede natürliche Zahl n.

Beweis von Behauptung b) für ein allgemeines φ-stetiges Maß ψ. Weil der Maßraum $\underline{M}$ ein lineares Lifting besitzt, gilt für ihn nach Satz 9 der Satz von RADON-NIKODYM. Nach Hilfssatz 2 gilt

$$\psi = \sup_n \psi_n \quad \text{mit } \psi_n = \min(n\varphi, \psi).$$

Jedes ψ_n besitzt eine Ableitung h_n nach φ. Hilfssatz 3 ergibt:

> $h_n \leq n$ bis auf eine lokale φ-Nullmenge, also $h_n \in \mathfrak{L}^\infty$,
>
> $l(h_n)$ ist eine Ableitung von ψ_n und $l(h_n) \leq l(h_{n+1})$
>
> für jedes n.

Daher gilt die Behauptung b) statt für $\mathfrak{I}$ und φ auch für $\mathfrak{I}_n$ und φ, und dies für jedes n, also mit $f_{\infty,n} = \sup \mathfrak{I}_n$:

$$\overline{\int_S} f_{\infty,n} \, d\varphi = \sup \{ \overline{\int_S} f l(f_n) d\varphi : f \in \mathfrak{I} \}$$

für jedes $S \in \mathfrak{s}_\varphi$ und jedes n.

Hieraus folgt

$$(53)\qquad \overline{\int_S} f_{\infty,n}\, d\varphi = \sup \{\overline{\int_S} f\, d\psi_n : f\in\mathfrak{F}\}$$

für jedes $S\in\mathfrak{s}_\varphi$ und jedes n. Nun gilt für jedes $S\in\mathfrak{s}_\varphi$ einerseits

$$\overline{\int_S} f_\infty d = \sup_n \overline{\int_S} f_\infty d\, \psi_n$$

andererseits

$$\sup\ \{\overline{\int_S} fd\psi : f\in\mathfrak{F}\} = \sup_n \sup\ \{\overline{\int_S} fd\psi_n : f\in\mathfrak{F}\}$$

Wegen (53) ist für Behauptung c) also zu zeigen, daß

$$\overline{\int_S} f_\infty l(f_n) d\varphi = \overline{\int_S} d\psi_n$$

für jedes $S\in\mathfrak{s}_\varphi$ und jedes n gilt. Dies gilt nun auf Grund der Voraussetzung $f_\infty\in\mathfrak{L}^\infty$, weil $f_\infty\cdot\chi_S$ φ-summierbar, also Hilfssatz 2 b, anwendbar ist.

Korollar. Besitzt ein Maßraum (E, $\mathfrak{m}$, φ) ein lineares Lifting L, so gilt für jedes System $\mathfrak{g} \subseteq \mathfrak{m}$ mit

$$L(G) = G \text{ für jedes } G\in\mathfrak{g},$$

daß $\cup\mathfrak{g}$ in $\mathfrak{m}$ liegt, und, falls $\mathfrak{g}$ wachsend gerichtet ist,

$$\psi(S \cap \cup\, \mathfrak{g}) = \sup\ \psi(S \cap G) : G\in\mathfrak{g}$$

für jedes φ-stetige Maß ψ auf $\mathfrak{m}$ und jedes $S\in\mathfrak{s}_\varphi$.

Dies folgt unmittelbar aus Satz 15 auf Grund der Beziehung

$$l(\chi_M) = \chi_{L(M)} \quad \text{für jedes } M\in\mathfrak{m},$$

wenn l das zu L gehörige lineare multiplikative Lifting auf $\mathfrak{L}^\infty$ ist.

Satz 16 (Überdeckungssatz). Der Maßraum $\underline{M}$ = (E, $\mathfrak{m}$, φ) besitze ein lineares Lifting L. Es sei $P \subseteq E$, so daß $\overline{\varphi}(P) < \infty$ gilt. Ferner sei $\mathfrak{g} \subseteq \mathfrak{m}$, so daß $P \subseteq \cup\mathfrak{g}$ und $L(G) = G$ für jedes $G\in\mathfrak{g}$ gilt.

Behauptung. Es existieren abzählbar viele $G_n\in\mathfrak{g}$, so daß gilt

$$\overline{\varphi}\,(P - \bigcup_n G_n) = 0.$$

Vorbemerkung zum Beweis von Satz 16. Der Beweis wird analog dem des Überdeckungssatzes für das (abstrakte) BOURBAKI-Integral ([14], Satz 3.2. und Satz 7.2.) geführt. Im Falle des BOURBAKI-Integrals wird P als summierbar und $\mathfrak{g} \subseteq \mathfrak{m}_1$ vorausgesetzt, wobei $\mathfrak{m}_1$ ein gewisses vereinigungs-vollständiges System meßbarer Mengen ist, welches im Falle eines RADONschen Maßes als Ausgangsfunktional mit dem System der offenen Mengen identifizierbar ist. Diesem System $\mathfrak{m}_1$ entspricht hier das System

$$L(\mathfrak{m}) = \{M \in \mathfrak{m} : L(M) = M\} = \{L(M) : M \in \mathfrak{m}\},$$

welches die in Satz 15, Kor., angegebene Vereinigungs-Vollständigkeit bezüglich $\mathfrak{m}$ besitzt.

Während ferner beim BOURBAKI-Integral das entscheidende Hilfsmittel der Träger ist, wird hier die L-Invarianz der Mengen aus $\mathfrak{g}$ in ähnlicher Weise benutzt. Hierfür muß nur $L(\emptyset) = \emptyset$ vorausgesetzt werden, was nach Hilfssatz 8', Beweis, möglich ist.

Beweis von Satz 16. Es bezeichne $\bar{P}$ eine bezüglich $\underline{M}$ maßgleiche Hülle von P. Dann gilt $\bar{P} \in \mathfrak{s}$. Ferner bezeichne < eine Wohlordnung auf der Menge

$$P_0 = P \cap L(\bar{P})$$

mit p_0 als kleinstem Element.

Nach Voraussetzung existiert zu jedem $p \in P \cap L(\bar{P})$ ein $G_p \in \mathfrak{g}$ mit $p \in G_p$. Nun wird eine Folge $(B_p)_{p \in P_0}$ transfinit definiert. Es sei $B_{p_0} = L(\bar{P})$, und für $p > p_0$ sei

$$B_p = \bar{P} - \bigcup \{G_{p'} : p' \in P_0,\ p' < p, p' \in L(B_{p'})\}.$$

Nach Satz 15, Kor., ist B_p meßbar. Es sei

$$I = \{p \in P_0 : p \in L(B_p)\}.$$

Behauptung 1. $\bar{\varphi}(P - \bigcup_{p \in I} G_p) = 0.$

Beweis indirekt. Annahme, Behauptung 1 gelte nicht. Dann folgt für $D = \bar{P} - \bigcup_{p \in I} G_p$, daß $\varphi(D) > 0$ gilt. Hieraus folgt wegen $\varphi(D - L(D)) = 0$, daß $\varphi(L(D)) > 0$ gilt. Wegen $D \subseteq \bar{P}$ und $\varphi(L(D) - D) = 0$ folgt hieraus $\varphi(\bar{P} \cap L(D)) > 0$. Nun gilt

$$\begin{aligned}\varphi(\bar{P} \cap L(D)) &= \varphi(\bar{P}) - \varphi(\bar{P} - L(D)) \leq \\ &\leq \bar{\varphi}(P) - \bar{\varphi}(P - L(D)) = \bar{\varphi}(P \cap L(D)),\end{aligned}$$

woraus $\bar{\varphi}(\bar{P} \cap L(D)) > 0$ folgt. Also ist $P \cap L(D)$ nicht leer.

Es sei $p_1 \in P \cap L(D)$. Wegen

$$L(D) - L(\bar{P}) - L(\bigsqcup_{p\in I} G_p) \subseteq L(\bar{P}) - \bigsqcup_{p\in I} L(G_p) = L(\bar{P}) - \bigsqcup_{p\in I} G_p$$

gilt $p_1 \notin I$, insbesondere also $p_1 \neq p_0$. Wegen $P \cap L(D) \subseteq P_0$ gilt $p_1 \in P_0$, also $p_1 > p_0$. Andererseits folgt aus der Monotonie von L, daß $D \subseteq B_{p_1}$ gilt, woraus $L(D) \subseteq L(B_{p_1})$ sich ergibt. Also liegt p_1 in $L(B_{p_1})$. Nun folgt $p_1 \in I$, im Widerspruch zum vorher Bewiesenen.

Für jedes $p \in I$ sei

$$G_p^o = G_p \cap L(B_p).$$

Behauptung 2. $G_p^o \cap G_{\bar{p}}^o = \emptyset$ für $p \neq \bar{p}$ aus I.

Beweis. Es sei $p \neq \bar{p}$ aus I. Weil $<$ eine Ordnung ist, gilt entweder $p < \bar{p}$ oder $\bar{p} < p$. Es sei $p < \bar{p}$.

Nun gilt

$$L(B_p) \subseteq L(\bar{P}) - \cup\{G_{p'} : p > p' \in I\} =$$
$$= L(\bar{P}) - \cup\{L(G_{p'}) : p > p' \in I\}$$

Hieraus folgt $G_{\bar{p}} \cap L(B_p) = \emptyset$. Analog folgt $G_p \cap L(B_{\bar{p}}) = \emptyset$ wenn $p < \bar{p}$ gilt.

Behauptung 3. $\varphi(G_p^o \cap \bar{P}) > 0$ für jedes $p \in I$.

Beweis. Es sei $p \in I$ beliebig. Wegen $L(\emptyset) = \emptyset$ genügt es,

$$L(G_p^o \cap \bar{P}) \neq \emptyset$$

zu zeigen. Es gilt aber $p \in G_p$ und, wegen $p \in I$, auch $p \in L(B_p)$. Ferner gilt $B_p \subseteq \bar{P}$, woraus $L(B_p) \subseteq L(\bar{P})$ folgt. Nun folgt

$$p \in G_p \cap L(B_p) \cap L(\bar{P}) = L(G_p) \cap L(L(B_p)) \cap L(\bar{P}) = L(G_p \cap L(B_p) \cap \bar{P}) =$$
$$= L(G_p^o \cap \bar{P}).$$

Behauptung 4. I ist abzählbar.

Dies folgt unmittelbar aus den Behauptungen 2 und 3 in Verbindung mit $\varphi(\bar{P}) < \infty$.

Mit den Behauptungen 1 und 4 ist der Überdeckungssatz bewiesen.

§ 10. Direkte Konstruktion einer monotonen Lokalisation sowie einer monotonen und linearen Differentiation mit Hilfe eines linearen Liftings.

1. Nach Satz 10 gilt für einen Maßraum $\underline{M}$ das SEGALsche Lokalisationsprinzip monoton, wenn $\underline{M}$ ein lineares Lifting besitzt. Der Beweis hierfür verlief über eine Zerlegung von $\underline{M}$, woraus auf eine monotone Differentiation und hieraus auf eine monotone Lokalisation geschlossen wurde.

Mit Hilfe des Satzes 15 von MAHARAM und IONESCU-TULCEA und des Überdeckungssatzes 16 läßt sich dieser Umweg vermeiden, wie der folgende Satz zeigt.

Satz 17. Ist L ein lineares Lifting auf einem Maßraum $\underline{M}$ und $\mathfrak{J}$ ein bedingtes σ-Ideal summierbarer Mengen von $\underline{M}$, so gilt:

a) $\mathfrak{J}$ wird durch

$$E_{\mathfrak{J}} = \bigcup \{L(I) : I \in \mathfrak{J}\}$$

lokalisiert.

b) Durch die Zuordnung $\mathfrak{J} \to E_{\mathfrak{J}}$ wird eine monotone Lokalisation für $\underline{M}$ definiert.

Beweis a). Es sei $\mathfrak{J}$ ein beliebiges bedingtes σ-Ideal aus $\mathfrak{S}$ und $E_{\mathfrak{J}}$ wie oben definiert. Nach Satz 15 gilt dann $E_{\mathfrak{J}} \in \mathfrak{m}$.

Beweis von (10). Für $I \in \mathfrak{J}$ gilt $I - E_{\mathfrak{J}} \subseteq I - L(I) \in \mathfrak{n}_L$.
Hieraus folgt wegen $I \in \mathfrak{S}$, daß $\varphi(I - E_{\mathfrak{J}}) = 0$ gilt.

Beweis von (11). Es sei $S \in \mathfrak{S} \subseteq E_{\mathfrak{J}}$. Dann ist der Überdeckungssatz 16 mit $P = S$ und

$$\mathfrak{g} = \{L(I) : I \in \mathfrak{J}\}$$

anwendbar und ergibt, daß abzählbar viele $I_n \in \mathfrak{J}$ existieren, so daß

$$(54) \qquad \varphi(S - \bigcup_n L(I_n)) = 0$$

gilt. Für $I = \bigcup_n I_n \cap S$ gilt $I \in \mathfrak{J} \subseteq \mathfrak{S}$. Weil $\mathfrak{J}$ ein Verband ist, kann $I_n \subseteq I_{n+1}$ für jedes n angenommen werden.

Dann gilt

$$\varphi(I) = \sup_n \varphi(I_n \cap S) = \sup_n \varphi(L(I_n) \cap S) =$$
$$= \varphi(\bigcup_n L(I_n) \cap S).$$

Hieraus folgt wegen (54), daß $\varphi(S-I) = 0$ gilt.

2. Nach den Sätzen 9 und 11 gilt für jeden Maßraum, welcher ein lineares Lifting besitzt, der Satz von RADON-NIKODYM monoton und linear. Der Beweis erfolgte über eine Zerlegung des Maßraumes.

Dieser Umweg läßt sich, bei Beschränkung auf die endlichen stetigen Maße, durch Anwendung des Satzes 15 von MAHARAM und IONESCU-TULCEA sowie der in Satz 17 konstruierten Lokalisation vermeiden, wie der folgende Satz zeigt.

<u>Satz 18</u>. Besitzt der Maßraum $(E, \mathfrak{m}, \varphi)$ ein lineares Lifting L und bezeichnet l das zu L gehörige lineare multiplikative Lifting auf $\mathfrak{B}^{\infty}$, so gilt:

a) Ist ψ ein endliches φ-stetiges Maß auf $\mathfrak{m}$ und

$$\mathfrak{J}_\psi = \{l(f) : f \in \mathfrak{B}^{\infty +}, \int_S l(f)\, d\varphi \leq \psi(S) \text{ für jedes } S \in \mathfrak{S}_\varphi\},$$

so ist $f_\psi = \sup \mathfrak{J}_\psi$ eine Ableitung von ψ nach φ.

b) Durch die Zuordnung $\psi \to f_\psi$ wird eine monotone und lineare Differentiation für die endlichen φ-stetigen Maße auf $\mathfrak{m}$ definiert.

Vorbemerkung zum Beweis von Satz 18. Die Definition von f_ψ hat Ähnlichkeit mit der von LEPTIN [15], (1.1), für die Ableitung eines endlichen φ-stetigen Maßes ψ. LEPTIN betrachtet in $\overline{R}^E$ neben der punktweisen Ordnung < die Ordnung ≪, welche mit Hilfe des oberen Integrals durch

$$f \ll g, \text{ wenn } f \leq g \text{ und } \overline{\int} f\, d\varphi < \overline{\int} g\, d\varphi,$$

definiert ist, und erklärt als Ableitung von ψ nach φ ein maximales Element bezüglich der Ordnung ≪ aus der Menge

$$\{f \in \mathfrak{B}^{\infty +} : \int_M f\, d\varphi \leq \psi(M) \text{ für jedes } M \in \mathfrak{m}\}.$$

Das Beweisschema für a) ist ebenfalls das gleiche wie bei LEPTIN, der Beweis selber aber langwieriger. Dafür läßt sich aber b) beweisen.

Beweis von Satz 18 a). Wegen der Idempotenz von l ist Satz 15 anwendbar und ergibt, daß f_ψ meßbar ist und daß

(55) $\qquad \overline{\int\limits_S} f_\psi \, d\varphi \leq \psi(S)$ für jedes $S \in \mathfrak{s}_\varphi$

gilt.

Für jedes $M \in \mathfrak{m}$ sei

$$\lambda(M) = \begin{cases} \psi(M) - \int\limits_M f_\psi \, d\varphi, & \text{wenn } f \cdot \chi_M \ \varphi\text{-summierbar} \\ 0 \text{ sonst.} & \end{cases}$$

Dann ist λ ein φ-stetiges Maß auf $\mathfrak{m}$. Wegen der Endlichkeit von ψ und wegen (55) ist für Behauptung a) nur noch zu zeigen, daß:

(56) $\qquad \lambda(S) = 0$ für jedes $S \in \mathfrak{s}_\varphi$.

gilt.

Annahme. Es existiert ein $S \in \mathfrak{s}_\varphi$, wofür $\lambda(S) > 0$ gilt. Dann ist $f_\psi \cdot \chi_S$ φ-summierbar. Aus der φ-Stetigkeit von ψ folgt, daß $\varphi(S) > 0$ gilt. Mit ψ ist wegen (55) auch λ endlich. Also existiert eine reelle Zahl $\nu > 0$, so daß

$$\lambda(S) = 2 \cdot \nu \cdot \varphi(S)$$

gilt. Es sei

$$\mathfrak{i} = \{I \in \mathfrak{s}_\varphi \subseteq S : \lambda(S') \leq \nu \cdot \varphi(S') \text{ für jedes } S' \in \mathfrak{s}_\varphi \subseteq S\}$$

Dann folgt wie im Beweis von Satz 2 für $\mathfrak{i}_\rho$, daß $\mathfrak{i}$ ein bedingtes σ-Ideal aus $\mathfrak{s}_\varphi$ ist. Es sei

$$W = \bigcup \{L(I) : I \in \mathfrak{i}\}$$

Nach Satz 15 a) gilt $W \in \mathfrak{m}$. Ferner gilt $W \subseteq L(S)$.

Nach Satz 17 wird $\mathfrak{i}$ durch W lokalisiert.
Wegen $L(S) - S \in \mathfrak{n}_{l,\varphi}$ folgt, daß $\mathfrak{i}$ auch durch $W^* = W \cap S$ lokalisiert wird.

Behauptung 1. $\lambda(W^*) \leq \nu \cdot \varphi(W^*)$

Beweis. Auf

$$\mathfrak{g} = \{L(I) : I \in \mathfrak{i}\}$$

ist Satz 15, b) anwendbar und ergibt

$$\varphi(W^*) = \sup \{\varphi(S \cap L(I) : I \in \mathfrak{i}\}$$

Ferner ist auf $\mathfrak{g}$ und λ stets 15, Kor., anwendbar und ergibt

$$\lambda(W^*) = \sup \{\lambda(S \cap L(I)) : I \in \mathfrak{i}\}.$$

Zu zeigen bleibt

(57) $\lambda(S \cap L(I) \leq \nu\varphi(S \cap L(I))$ für jedes $I \in \mathfrak{I}$

Es sei $I \in \mathfrak{I}$ beliebig.

Dann gilt $S \cap L(I) \in \mathfrak{s}_\varphi \subseteq W^*$. Weil $\mathfrak{I}$ durch W^* lokalisiert wird, existiert ein $I' \in \mathfrak{I} \subseteq S \cap L(I)$, wofür $\varphi(S \cap L(I) - I') = 0$ gilt. Wegen der φ-Stetigkeit von λ folgt, daß $\lambda(S \cap L(I) - I') = 0$ gilt. Wegen $I' \in \mathfrak{I}$ gilt

$$\lambda(I') \leq \nu\varphi(I').$$

Nun folgt (57). Also gilt Behauptung 1. Es sei $W' = S - W^* = S - W$.

Behauptung 2.

$$\lambda(W') > 0.$$

Beweis. Wegen $W^* \subseteq S$ und Behauptung 1 gilt

$$\lambda(W') = \lambda(S) - \lambda(W^*) \geq \lambda(S) - \nu\varphi(W^*) =$$

$$= 2\nu\varphi(S) - \nu\varphi(W^*) \geq 2\nu\varphi(S) - \nu\varphi(S) = \nu\varphi(S)$$

Nun war aber $\varphi(S)$ positiv

Behauptung 3. $\varphi(W') > 0$
Dies folgt aus Behauptung 2, weil λ φ-stetig ist.

Behauptung 4.

$$\nu\varphi(\mathfrak{U}) \leq \lambda(\mathfrak{U}) \text{ für jedes } \mathfrak{U} \in \mathfrak{s}_\varphi \subseteq W'.$$

Beweis. Es sei $\mathfrak{U} \in \mathfrak{s}_\varphi \subseteq W'$ beliebig. Im Falle $\varphi(\mathfrak{U}) = 0$ gilt die Behauptung, weil λ φ-stetig ist. Daher sei $\varphi(\mathfrak{U}) > 0$ angenommen. Weil $\mathfrak{U} \cap W^* = \emptyset$ und weil $\mathfrak{I}$ durch W^* lokalisiert wird, folgt, daß $\mathfrak{U} \notin \mathfrak{I}$ gilt. Daher gilt

(58) Jedes $P \in \mathfrak{s}_\varphi^+ \subseteq \mathfrak{U}$ enthält ein $P' \in \mathfrak{s}_\varphi^+$ mit $\nu\varphi(P') < \lambda(P')$

Es sei

$$\mathfrak{u} = \{P' \in \mathfrak{s}_\varphi^+ \subseteq U : \nu\varphi(P') < \lambda(P')\}$$

und $\mathfrak{u}_0$ ein maximales System von paarweise disjunkten Mengen aus $\mathfrak{u}$. Wegen $U \in \mathfrak{s}_\varphi$ muß $\mathfrak{u}_0$ abzählbar sein, also

$$\mathfrak{u}_0 = \{U_n\}_n.$$

Wegen (58) gilt

$$\varphi(U - \bigcup_n U_n) = 0.$$

Es folgt

$$\nu\varphi(U) = \nu\varphi(\bigcup_n U_n) \leqq \lambda(\bigcup_n U_n).$$

Aus (59) folgt, weil λ φ-stetig ist:

$$\lambda(U - \bigcup_n U_n) = 0.$$

Also gilt $\lambda(\bigcup_n U_n) = \lambda(U)$. Nun folgt Behauptung 4.

Es sei

$$g = \nu\chi_{W'} \, .$$

Behauptung 5. $l(f + g) \in \mathfrak{J}_\psi$ für jedes $f \in \mathfrak{L}^{\infty+}$ mit $l(f) \in \mathfrak{J}_\psi$.

Beweis. Es sei $f \in \mathfrak{L}^{\infty+}$ mit $l(f) \in \mathfrak{J}_\psi$ und $S \in \mathfrak{s}_\varphi$ beliebig.

Dann gilt

$$\int_S l(f + g)\, d\varphi \leqq \int_S f_\psi\, d\varphi + \nu\varphi(S \cap W').$$

Nach Behauptung 4 gilt

$$\nu\varphi(S \cap W') \leqq \lambda(S \cap W'),$$

also

$$\int_S l(f + g)\, d\varphi \leqq \int_S f_\psi\, d\varphi + \lambda(S \cap W') \leqq$$

$$\leqq \int f_\psi\, d\varphi + \lambda(S) = \psi(S),$$

woraus $l(f + g) \in \mathfrak{J}_\psi$ folgt.

Es sei

$$\mathfrak{J}'_\psi = \{l(f + g) : f \in \mathfrak{L}^{\infty+} \text{ mit } l(f) \in \mathfrak{J}_\psi\}.$$

Nach Behauptung 5 gilt $\mathfrak{J}'_\psi \subset \mathfrak{J}_\psi$, woraus für $f'_\psi = \sup \mathfrak{J}'_\psi$ folgt

(60) $\mathfrak{J}'_\psi$ ist φ-summierbar und $\int_S f'_\psi d\varphi \leqq \int_S f_\psi d\varphi$ für jedes $S \in \mathfrak{s}_\varphi$.

Andererseits gilt nach Satz 15, b)

$$\int f'_\psi d\varphi = \sup \{\int_S l(f)\, d\varphi + \int_S l(g)\, d\varphi : f \in \mathfrak{J}_\psi\} =$$

$$= \int_S f_\psi\, d\varphi + \int_S l(g)\, d\varphi = \int_S f_\psi\, d\varphi + \nu\varphi(L(W')).$$

Aus Behauptung 3 folgt, daß $\nu\varphi(L(W')) > 0$ gilt. Also folgt

$$\int_S f'_\Phi \, d\varphi > \int_S f_\Phi \, d\varphi,$$

was im Widerspruch zu (60) steht.

Hiermit ist (56) und somit Behauptung a) bewiesen.

b) Behauptung. $\Phi \to f_\Phi$ ist linear.

Beweis. Es sei $\Phi = \alpha_1\Phi_1 + \alpha_2\Phi_2$, wobei $\alpha_1, \alpha_2 \in R^+$ und Φ_1, Φ_2 φ-stetig seien. Ferner sei $g_i \in \mathfrak{J}_{\Phi_i}$ für $i = 1,2$. Aus der Homogenität von l folgt, daß $\alpha_i g_i \in \mathfrak{J}_{\alpha_i\Phi_i}$ für $i = 1,2$ gilt. Wegen der Additivität von l folgt hieraus, daß $\alpha_1 g_1 + \alpha_2 g_2 \in \mathfrak{J}_\Phi$ gilt. Nun folgt

(61) $$\alpha_1 f_{\Phi_1} + \alpha_2 f_{\Phi_2} \geqq f_\Phi .$$

Fortan sei $j = 1$, wenn $i = 2$, und $j = 2$, wenn $i = 1$ ist.
Für die Umkehrung von (61) genügt es, zu zeigen, daß es Familien $\mathfrak{H}_i \subseteq \mathfrak{J}_{\alpha_i\Phi_i}$ für $i = 1,2$ gibt, so daß

(62) $$\sup \mathfrak{H}_i \geqq f_\Phi - \alpha_j f_{\Phi_j} \quad \text{für } i = 1,2$$

gilt. Denn aus (62) folgt wegen (61), daß

$$\alpha_1 f_{\Phi_1} + \alpha_2 f_{\Phi_2} \geqq \sup \mathfrak{H}_1 + \sup \mathfrak{H}_2 \geqq 2f_\Phi - (\alpha_1 f_{\Phi_1} + \alpha_2 f_{\Phi_2}) \geqq f_\Phi$$

gilt.

Für jedes $h \in \mathfrak{J}_\Phi$ sei

$$h_i = (h - \alpha_j f_{\Phi_j})^+ \quad \text{für } i = 1,2.$$

Hiermit sei ferner

$$\mathfrak{H}_i = \{h_i : h \in \mathfrak{J}_\Phi\} \quad \text{für } i = 1,2.$$

Zunächst sei bewiesen, daß

(63) $$\mathfrak{H}_i \subseteq \mathfrak{J}_{\alpha_i\Phi_i} \quad \text{für } i = 1,2$$

gilt. Es sei $h \in \mathfrak{J}_\Phi$ und $S \in \mathfrak{S}_\varphi$ beliebig. Hierfür sei

$$H_j = S \cap \{h \geqq \alpha_j f_{\Phi_j}\} \text{ und } h_j = \alpha_j f_{\Phi_j} \chi_{H_j} \quad \text{für } i = 1,2.$$

Weil $h \in \mathfrak{L}^{\infty+}$ und $\alpha_j f_{\Phi_j} \geqq 0$, ist h_j φ-summierbar.

Weil $\alpha_j f_{\psi_j}$ eine Ableitung von $\alpha_j \psi_j$ ist, folgt hieraus

$$\alpha_j \psi(H_j) = \int_{H_j} f_{\psi_j} \, d\varphi \qquad \text{für } i = 1,2.$$

Hieraus, und weil h in $\mathfrak{Z}_\psi$ liegt, folgt für i = 1,2 :

$$\int_S h_i \, d\varphi = \int_{H_j} (h - \alpha_j f_{\psi_j}) d\varphi = \int_{H_j} h \, d\varphi + \alpha_j \psi_j(H_j) \leq$$

$$\leq \psi(H_j) - \alpha_j \psi_j(H_j) = \alpha_i \psi_i(H_j) \leq \alpha_i \psi_i(S),$$

weshalb $h_i \in \mathfrak{Z}_{\alpha_i \psi_i}$ für i = 1,2, und damit (63) gilt.

Aus der Definition von $\mathfrak{H}_i$ folgt unmittelbar, daß (62) gilt. Damit ist die Umkehrung von (61) und somit die Linearität von $\psi \to f_\psi$ bewiesen.

<u>§ 11. Starke VITALIsche Ableitungsbasis und lineares Lifting</u>.

<u>Definitionen</u>. Die folgenden Definitionen beziehen sich auf einen beliebigen Maßraum $\underline{M} = (E, \mathfrak{m}, \varphi)$.

1. <u>Ableitungsbasis eines Punktes</u> $x \in E$ heißt ein System $\mathfrak{a}(x)$ von fallend gerichteten Familien $\mathfrak{g} \subseteq \mathfrak{s}^+$, wofür gilt: Wenn $\mathfrak{g} \in \mathfrak{a}(x)$ und $\mathfrak{g}'$ eine konfinale Teilfamilie von $\mathfrak{g}'$ ist, dann liegt auch $\mathfrak{g}'$ in $\mathfrak{a}(x)$.

2. <u>Ableitungsbasis von $\underline{M}$</u> heißt ein System $\mathfrak{a} = (\mathfrak{a}(x))_{x \in D}$, wobei $\mathfrak{a}(x)$ eine Ableitungsbasis von $x \in D$ ist und $D \subseteq E$, so daß $E - D$ eine lokale Nullmenge ist.

3. Für eine Ableitungsbasis $\mathfrak{a} = (\mathfrak{a}(x))_{x \in D}$ von $\underline{M}$ und eine Menge $Q \subseteq E$ heißt ein System $\mathfrak{b} \subseteq \mathfrak{m}$ eine <u>$\mathfrak{a}$-Überdeckung</u> von Q, wenn eine lokale Nullmenge $N = N(\mathfrak{b})$ mit $Q - N \subseteq D$ existiert und es zu jedem $x \in Q - N$ ein $\mathfrak{g} \in \mathfrak{a}(x)$ mit $\mathfrak{g} \subseteq \mathfrak{b}$ gibt.

4. <u>Starke VITALIsche Überdeckung</u> einer Menge $Q \subseteq E$ heißt ein System $\mathfrak{b} \subseteq \mathfrak{m}$, wenn zu jeder Teilmenge P von Q mit $0 < \overline{\varphi}(P) < \infty$ und jedem $\epsilon > 0$ abzählbar viele $V_n \in \mathfrak{b}$ existieren, so daß gilt:

a) $V_n \cap V_m = \emptyset$ für $n \neq m$, b) $\overline{\varphi}(P - \bigcup_n V_n) = 0$ und

c) $\overline{\varphi}(\bigcup_n V_n - P) < \varepsilon$.

5. Starke VITALIsche Ableitungsbasis von $\underline{M}$ heißt eine Ableitungsbasis $\mathfrak{a}$ von $\underline{M}$, wenn für jede Teilmenge Q von E jede $\mathfrak{a}$-Überdeckung von Q eine starke VITALIsche Überdeckung von Q ist.

6. Für ein lineares Lifting L von $\underline{M}$ sei

$$L(\mathfrak{s}^+) = \{S \in \mathfrak{s}^+ : L(S) = S\}$$

und

$$N(\underline{M}, L) = E - \bigcup L(\mathfrak{s}^+).$$

Hilfssatz 13. Für einen Maßraum $\underline{M}$ mit einem linearen Lifting l ist $N = N(\underline{M}, L)$ eine lokale Nullmenge.

Beweis. Nach Satz 15 ist $\bigcup L(\mathfrak{s}^+)$ meßbar, also auch N. Es sei $S \in \mathfrak{s}^+$ beliebig. Dann gilt $L(S) \in L(\mathfrak{s}^+)$, woraus $L(S) \cap N = \emptyset$ folgt. Daher ist mit $S - L(S)$ auch $S \cap N$ eine Nullmenge.

Definition. Für einen Maßraum $\underline{M} = (E, \mathfrak{m}, \varphi)$ mit einem linearen Lifting L sei

$$D_L = \bigcup L(\mathfrak{s}^+) = E - N(\underline{M}, L),$$

und für jedes $x \in D_L$ sei

$$\mathfrak{g}_L(x) = \{S \in L(\mathfrak{s}^+) : x \in S\},$$

$$\mathfrak{a}_L(x) = \{\mathfrak{g} : \mathfrak{g} \text{ konfinale Teilfamilie von } \mathfrak{g}_L(x)\}$$

sowie

$$\mathfrak{a}_L = (\mathfrak{a}_L(x))_{x \in D_L}.$$

Satz 19. Für einen Maßraum $\underline{M}$ mit einem linearen Lifting L ist $\mathfrak{a}_L$ eine starke VITALIsche Ableitungsbasis.

Beweis. Nach Hilfssatz 8' kann $L(\emptyset) = \emptyset$ angenommen werden. Dann folgt, daß für jedes $x \in D_L$ die Familie $\mathfrak{g}_L(x)$ fallend gerichtet ist; denn mit zwei Elementen enthält sie auch deren Durchschnitt. Jede konfinale Teilfamilie von $\mathfrak{g}_L(x)$ ist natürlich auch fallend gerichtet. Wegen Hilfssatz 13 folgt, daß $\mathfrak{a}_L$ eine Ableitungsbasis für $\underline{M}$ ist.

Es sei $Q \subseteq E$ beliebig und $\mathfrak{v}$ eine $\mathfrak{a}_L$-Überdeckung von Q.

Dann existieren eine lokale Nullmenge $N(\mathfrak{d})$ und zu jedem $x \in Q - N(\mathfrak{d})$ ein $\mathfrak{g}(x) \in \mathfrak{a}_L(x)$, wofür $\mathfrak{g}(x) \subseteq \mathfrak{d}$ gilt.

Nun sei $P \subseteq Q$, so daß $\overline{\varphi}(P)$ positiv und endlich ist. Dann gibt es eine Menge $\overline{P} \in \mathfrak{s}^+$, so daß $P \subseteq \overline{P}$ und $\varphi(\overline{P}) = \overline{\varphi}(P)$ gilt.

Es sei

$$P_0 = P \cap L(\overline{P}) - N(\mathfrak{d}).$$

Behauptung 1. $P - P_0$ ist eine Nullmenge.

Dies gilt, weil $P \subseteq \overline{P}$, $\varphi(\overline{P}) < \infty$ und $\overline{P} - L(\overline{P})$ eine Nullmenge ist.

Behauptung 2. Zu jedem $x \in P_0$ und jedem $L_0 \in L(m)$ mit $x \in L_0$ existiert ein $G(x,L_0) \in \mathfrak{g}(x)$, so daß $x \in G(x,L_0) \subseteq L_0$ gilt.

Beweis. Es sei $x \in P_0$ und $L_0 \in L(m)$, so daß $x \in L_0$ gilt. Dann existiert eine Menge $G \subseteq E$, welche in $\mathfrak{g}_L(x)$ liegt. Es folgt, daß auch $G \cap L_0$ in $\mathfrak{g}_L(x)$ liegt. Weil $\mathfrak{g}(x)$ in $\mathfrak{g}_L(x)$ konfinal ist, existiert ein $G(x,L_0) \in \mathfrak{g}(x)$, welches in $G \cap L$ enthalten ist.

Nun bezeichne $<$ eine Wohlordnung von P_0 mit x_0 als kleinstem Element. Hiermit wird durch transfinite Induktion eine Folge $(G_x)_{x \in P_0}$ definiert (vergleiche den Beweis des Überdeckungssatzes): Es sei, unter Anwendung von Behauptung 2,

$$G_{x_0} = G(x_0, G \cap L(\overline{P})), \text{ wobei } G \in \mathfrak{g}(x_0) \text{ beliebig.}$$

Nun sei $x > x_0$ aus P_0 beliebig, und hierfür

$$L_x = L(\overline{P} - \bigcup_{x'<x} G_{x'}).$$

Hierbei wird angenommen, daß $G_{x'}$ für jedes $x' < x$ aus P_0 schon definiert ist. Nach Satz 15, Kor., ist L_x meßbar. Ausserdem gilt $L_x \in L(m)$. Also ist Behauptung 2 auf x und L_x anwendbar. Es sei

$$G_x = \begin{cases} G(x,L_x), & \text{wenn } x \in L_x \\ \emptyset & \text{sonst.} \end{cases}$$

Schließlich sei

$$I = \{x_0\} \cup \{x \in P_0 : x > x_0,\ x \in L_x\}.$$

Analog Behauptung 1 im Beweis des Überdeckungssatzes folgt:

Behauptung 3. $P_0 - \bigsqcup_{x \in I} G_x$ ist eine Nullmenge.

Es sei

$$P_1 = P_0 \cap \bigsqcup_{x \in I} G_x.$$

Auf P_1 und $\mathfrak{g} = (G_x)_{x \in I}$ ist der Überdeckungssatz anwendbar und ergibt die Existenz einer Folge (x_n) aus I, so daß für $G_n = G_{x_n}$ gilt

$$\varphi(P_1 - \bigcup_n G_n) = 0.$$

Wegen der Behauptungen 1 und 3 folgt hieraus

$$\overline{\varphi}(P - \bigcup_n G_n) = 0.$$

Behauptung 4. $G_n \cap G_m = \emptyset$ für $n \neq m$.

Beweis. Es sei $n \neq m$ und $x_n < x_m$, ohne Beschränkung der Allgemeinheit. Wegen $x_m \in I$ gilt $x_m \in L_{x_m}$, also $G_m = G(x_m, L_{x_m})$. Nun gilt aber

$$G(x_m, L_{x_m}) \subseteq L_{x_m} = L(\overline{P}) - L(\bigsqcup_{x'<x_m} G_{x'}) \subseteq L(\overline{P}) - \bigsqcup_{x'<x_m} G_{x'},$$

woraus $G_n \cap G_m = \emptyset$ folgt.

Behauptung 4. $\overline{\varphi}(\bigcup_n G_n - P) = 0$.

Beweis. Für jedes n gilt $G_n \subseteq L(\overline{P})$ und $G_n \in \mathfrak{s}$. Weil $L(\overline{P}) - \overline{P}$ eine lokale Nullmenge, ist jedes $G_n - \overline{P}$ eine Nullmenge, und damit auch $\bigcup_n G_n - \overline{P}$.

Hiermit ist Satz 19 bewiesen.

Korollar. Existiert für einen Maßraum eine Zerlegung, so existiert für ihn auch eine starke VITALIsche Ableitungsbasis.

Der Beweis folgt unmittelbar aus den Sätzen 7 und 19.

Insbesondere besitzt also jeder total σ-endliche Maßraum eine starke VITALIsche Ableitungsbasis.

§ 12. Schwache VITALIsche Ableitungsbasis und lineares Lifting

Definitionen. Diese beziehen sich wiederum auf einen beliebigen Maßraum $\underline{M} = (E, \mathfrak{m}, \varphi)$.

1. Schwache VITALIsche Überdeckung einer Menge $Q \subseteq E$ heißt ein System $\mathfrak{v} \subseteq \mathfrak{m}$, wenn zu jeder Teilmenge P von Q mit $0 < \overline{\varphi}(P) < \infty$ und jedem $\varepsilon > 0$ abzählbar viele $V_n \in \mathfrak{v}$ existieren, so daß gilt:

$$\overline{\varphi}(P - \bigcup_n V_n) = 0 \text{ und } \sum_n \varphi(V_n) - \varphi(\bigcup_n V_n) < \varepsilon.$$

2. Schwache VITALIsche Ableitungsbasis von $\underline{M}$ heißt eine Ableitungsbasis $\mathfrak{a}$ von $\underline{M}$, wenn für jede Teilmenge Q von E jede $\mathfrak{a}$-Überdeckung von Q eine schwache VITALIsche Überdeckung von Q ist.

3. Für eine Ableitungsbasis $\mathfrak{a} = (\mathfrak{a}(x))_{x \in D}$ von $\underline{M}$, $x \in E$ und $\mathfrak{g} \in \mathfrak{a}(x)$ sei $\mathfrak{l}(\mathfrak{g})$ das System der Enden von $\mathfrak{g}$. Für ein weiteres Maß ψ auf $\mathfrak{m}$ sei

$$\overline{D}\psi(x) = \overline{D}(\psi, \varphi, \mathfrak{a})(x) = \sup_{\mathfrak{g} \in \mathfrak{a}(x)} \inf_{\mathfrak{e} \in \mathfrak{l}(\mathfrak{g})} \sup_{G \in \mathfrak{e}} \frac{\psi(G)}{\varphi(G)}$$

und

$$\underline{D}\psi(x) = \underline{D}(\psi, \varphi, \mathfrak{a})(x) = \inf_{\mathfrak{g} \in \mathfrak{a}(x)} \sup_{\mathfrak{e} \in \mathfrak{l}(\mathfrak{g})} \inf_{G \in \mathfrak{e}} \frac{\psi(G)}{\varphi(G)} .$$

Jede starke VITALIsche Ableitungsbasis ist also eine schwache VITALIsche Ableitungsbasis.

Ableitungssatz von de POSSEL. Ist $\mathfrak{a}$ eine schwache VITALIsche Ableitungsbasis des Maßraumes $(E, \mathfrak{m}, \varphi)$ und ψ ein nach φ differenzierbares Maß auf $\mathfrak{m}$ mit $\psi \leq c\varphi$, so gilt:

a) $\underline{D}(\psi, \varphi, \mathfrak{a}) = \overline{D}(\psi, \varphi, \mathfrak{a})$ bis auf eine lokale φ-Nullmenge N_ψ.

b) Die Funktion

$$d_\psi = \begin{cases} \underline{D}(\psi, \varphi, \mathfrak{a}) & \text{auf } E - N_\psi \\ 0 & \text{sonst} \end{cases}$$

ist eine Ableitung von ψ nach φ.

Bemerkung. Die obige Formulierung des Ableitungssatzes ist etwas allgemeiner als die von de POSSEL [20], th. VI. De POSSEL setzt den Maßraum als total σ-endlich voraus und kann daher, auf Grund des Satzes von RADON-NIKODYM, auf die besondere Voraussetzung der Differenzierbarkeit von ψ nach φ verzichten. Außerdem fordert de POSSEL natürlich, daß N_ψ eine Nullmenge ist.

Bei einem indirekten Beweis des Ableitungssatzes in der obigen Form, also mit N_ψ als lokaler φ-Nullmenge, treten nur Mengen endlichen Maßes auf. Deshalb kann wie bei HAUPT-AUMANN-PAUC [8], Bd. III, vorgegangen werden:

Beweisskizze für den Ableitungssatz. Nach Voraussetzung existiert eine Ableitung f_ψ von ψ nach φ. Hierfür folgt indirekt:

(64) $f_\psi \geq \beta$ auf $\{\overline{D}\psi > \beta\}$, bis auf eine lokale φ-Nullmenge für jedes $\beta \in R$

und

(65) $f_\psi \leq \gamma$ auf $\{\underline{D}\psi < \gamma\}$, bis auf eine lokale φ-Nullmenge für jedes $\gamma \in R$.

Ferner gilt:

(66) $\{g < h\} = \bigcup_{\beta > \gamma} \{h > \beta\} \cap \{g < \gamma\}$ für $g, h \in \overline{R}^E$.

Aus (64) und (65) sowie (66) mit $g = \underline{D}\psi$ und $h = \overline{D}\psi$ folgt Behauptung a), wenn noch berücksichtigt wird, daß $\{\underline{D}\psi > \overline{D}\psi\}$ eine lokale φ-Nullmenge ist.

b) Es folgt indirekt aus (64) sowie (66) mit $g = f_\psi$ und $h = \overline{D}\psi$, daß gilt:

(67) $\overline{D}\psi \leq f_\psi$, bis auf eine lokale φ-Nullmenge,

ferner aus (65) sowie (66) mit $g = \underline{D}\psi$ und $h = f_\psi$, daß gilt

(68) $\underline{D}\psi \geq f_\psi$, bis auf eine lokale φ-Nullmenge.

Aus Behauptung a) sowie (67) und (68) folgt nun, daß gilt:

$f_\psi = d_\psi$, bis auf eine lokale φ-Nullmenge.

Nach Hilfssatz 3 ist mit f_ψ also auch d_ψ eine Ableitung von ψ nach φ, womit auch Behauptung b) bewiesen ist.

Definition. Für einen Maßraum $\underline{M} = (E, \mathfrak{m}, \varphi)$ und eine Menge $M \in \mathfrak{m}$ sei

$$\psi_M(A) = \varphi(M \cap A) \quad \text{für } A \in \mathfrak{m} \text{ beliebig.}$$

Ist nun $\mathfrak{a}$ eine Ableitungsbasis von $\underline{M}$, so sei als untere - beziehungsweise obere Dichte von M bezüglich $\mathfrak{a}$ die Funktion

$$\underline{D}(M, \mathfrak{a}) = \underline{D}(\psi_M, \varphi, \mathfrak{a})$$

beziehungsweise

$$\overline{D}(M, \alpha) = \overline{D}(\psi_M, \varphi, \alpha)$$

bezeichnet.

Dichtesatz. Ist α eine schwache VITALIsche Ableitungsbasis für den Maßraum $(E, \mathfrak{m}, \varphi)$, so gilt für jede Menge $M \in \mathfrak{m}$:

$$\underline{D}(M, \alpha) = \overline{D}(M, \alpha) = 1 \text{ auf } M, \text{ bis auf eine lokale } \varphi\text{-Nullmenge}.$$

Der Beweis folgt unmittelbar aus dem Ableitungssatz, weil für jedes $M \in \mathfrak{m}$ offenbar die Funktion $f_\psi = \chi_M$ eine Ableitung von $\psi = \psi_M$ nach φ ist und $\psi_M \leq 1\varphi$ gilt.

Definition. Für einen Maßraum $\underline{M} = (E, \mathfrak{m}, \varphi)$ und eine Ableitungsbasis α von $\underline{M}$ sei

$$F_\alpha(M) = \{\underline{D}(M, \alpha) \geq 1\} \text{ für jedes } M \in \mathfrak{m}.$$

Wie von NEUMANN [18] und MAHARAM [16] bemerkten, gilt:

Hilfssatz 14. Ist α eine schwache VITALIsche Ableitungsbasis für einen Maßraum, so gilt für die zugehörige Funktion $F = F_\alpha$ folgendes:

(69) $\quad M \Delta F(M) \in \mathfrak{n}_l$,

(70) $\quad F(M_1) = F(M_2)$, wenn $M_1 \Delta M_2 \in \mathfrak{n}_l$

und

(71) $\quad F(M_1 \cap M_2) = F(M_1) \cap F(M_2)$.

Beweis. Die Behauptung (69) folgt unmittelbar aus dem Dichtesatz, die Behauptung (70) aus der Definition von F. Schließlich folgt die Behauptung (71) aus der Ungleichung

$$1 + F(M_1 \cap M_2) \geq F(M_1) + F(M_2).$$

Die zu einer schwachen VITALIschen Ableitungsbasis α gehörige Funktion F_α besitzt also, bis auf die $\cup$-Homomorphie-Eigenschaft (32), alle Eigenschaften eines linearen Liftings.

Definitionen. 1. Ist $\mathfrak{m}$ eine BOOLEsche Algebra mit Einheit und $\mathfrak{n}$ ein Ideal von $\mathfrak{m}$, so heißt eine Abbildung L von $\mathfrak{m}$ in sich ein

Lifting von $\mathfrak{m}$ bezüglich $\mathfrak{n}$, wenn sie die (21) und (30) - (32) entsprechende Eigenschaften, mit $\mathfrak{n}$ statt $\mathfrak{n}_l$, hat.

2. Eine halbgeordnete Menge $\mathfrak{n}$, $\subseteq$ heiße bedingt vollständig, wenn für jedes Paar $\mathfrak{n}_1$, $\mathfrak{n}_2$ aus Teilmengen von $\mathfrak{n}$ mit der Eigenschaft

(72) $\quad N_1 \subseteq N_2$ für jedes $N_1 \in \mathfrak{n}_1$ und jedes $N_2 \in \mathfrak{n}_2$

ein $S \in \mathfrak{n}$ existiert, so daß

(73) $\quad N_1 \subseteq S \subseteq N_2$ für jedes $N_1 \in \mathfrak{n}_1$ und jedes $N_2 \in \mathfrak{n}_2$

gilt [3].

Ein Liftingsatz für BOOLEsche Algebren von von NEUMANN-STONE [19], th. 18. Es sei $\mathfrak{m}$ eine BOOLEsche Algebra mit Einheit und $\mathfrak{n}$ ein Ideal von $\mathfrak{m}$, welches bezüglich der zu $\mathfrak{m}$ gehörigen Halbordnung bedingt vollständig ist. Ferner existiere eine Abbildung F von $\mathfrak{m}$ in sich, welche die (69) - (71) entsprechenden Eigenschaften, mit $\mathfrak{n}$ statt $\mathfrak{n}_l$, besitzt. Dann existiert ein Lifting von $\mathfrak{m}$ bezüglich $\mathfrak{n}$ [4].

Hilfssatz 15. Für einen Maßraum, der gleich seiner CARATHÉODORYschen Erweiterung ist, bildet das System $\mathfrak{n}_l$ der lokalen Nullmengen eine bedingt vollständige halbgeordnete Menge.

Beweis. Für jedes Paar $\mathfrak{n}_1$, $\mathfrak{n}_2$ aus Teilmengen von $\mathfrak{n}_l$ mit der Eigenschaft (72) liegt $S = \bigcup \mathfrak{n}_1$, als Teilmenge eines N_2 aus $\mathfrak{n}_2 \subseteq \mathfrak{n}_l$, nach Hilfssatz 1, b), wieder in $\mathfrak{n}_l$. Offenbar wird durch dieses S die Bedingung (73) erfüllt.

---

[3] Diese Definition ist der üblichen für die bedingte Vollständigkeit äquivalent, welche besagt, daß jede nicht leere nach unten beschränkte Teilmenge ein Infimum und jede nicht leere nach oben beschränkte Teilmenge ein Supremum besitzt.

[4] Von NEUMANN und STONE bewiesen diesen Satz unter einer schwächeren Voraussetzung, die dadurch aus der obigen entsteht, daß bei der Definition der bedingten Vollständigkeit von $\mathfrak{n}$ nur solche Teilmengen $\mathfrak{n}_1$, $\mathfrak{n}_2$ von $\mathfrak{n}$ zugelassen werden, deren Mächtigkeiten kleiner als die des Restklassensystems $\mathfrak{m}/\mathfrak{n}$ sind.

Satz 20. Besitzt ein Maßraum eine schwache VITALIsche Ableitungsbasis, so existiert für ihn ein lineares Lifting.

Der Beweis folgt unmittelbar aus den Hilfssätzen 14 und 15 sowie dem zitierten Liftingsatz für BOOLEsche Algebren von von NEUMANN und STONE.

§ 13. Äquivalenzsatz

Satz 21. Für einen Maßraum M (der gleich seiner CARATHÉODORYschen Erweiterung und dessen Grundmenge leer, wenn sie eine lokale Nullmenge ist) sind folgende Aussagen äquivalent:

1. Für M existiert eine Zerlegung.
2. Für M existiert ein lineares Lifting.
3. Für M existiert eine starke VITALIsche Ableitungsbasis.
4. Für M existiert eine schwache VITALIsche Ableitungsbasis.
5. Für M gilt das SEGALsche Lokalisationsprinzip monoton.
6. Für M gilt der Satz von RADON-NIKODYM monoton.
7. Für M gilt der Satz von RADON-NIKODYM linear.
8. Für M gilt der Satz von RIESZ monoton.
9. Für M gilt der Satz von RIESZ linear.
10. Für M gilt der Satz von RIESZ isometrisch.
11. Für M gilt der Satz von DUNFORD-PETTIS linear.
12. Für M gilt der Satz von DUNFORD-PETTIS isometrisch.

Beweis. Nach Satz 7 sind die Aussagen 1 und 2 äquivalent. Nach Satz 8 wird die Aussage 5 von der Aussage 1 impliziert. Nach Satz 3 sind die Aussagen 5 und 6 äquivalent. Nach Satz 4 folgt aus der Aussage 6 die Aussage 1. Nach Satz 19 wird die Aussage 3 von der Aussage 1 impliziert. Die Aussage 3 hat natürlich die Aussage 4 zur Folge. Nach Satz 20 wird die Aussage 2, also auch die Aussage 1 von der Aussage 4 impliziert. Die Aussage 1 ist äquivalent: nach Satz 11 der Aussage 7, nach Satz 12 jeder der Aussagen 8 und 9, nach Satz 13 der Aussage 10 und nach Satz 14 jeder der Aussagen 11 und 12. Hiermit ist die Äquivalenz der Aussagen 1 - 12 bewiesen.

Teil II. VERSCHÄRFUNGEN DES ABLEITUNGSBEGRIFFS

§ 14. Reguläre Ableitung und positive Ableitung

Es sei (E, m, φ) ein beliebiger Maßraum und ψ ein weiteres Maß auf m.

Definition. Eine reguläre Ableitung von ψ nach φ ist eine meßbare Funktion $f \geqq 0$, so daß für jede meßbare Funktion $g \geqq 0$ gilt:

1. fg ist φ-summierbar genau dann, wenn g ψ-summierbar ist.
2. Wenn g ψ-summierbar ist, dann gilt

(74) $$\int g \, d\psi = \int fg \, d\varphi.$$

Eine reguläre Ableitung von ψ nach φ ist natürlich auch eine Ableitung von ψ nach φ schlechthin, also im Sinne von Teil I. Ob und wann die Umkehrung gilt, soll nun untersucht werden. Zu diesem Zwecke werden die beiden Teilaussagen betrachtet:

(75) Für jede meßbare Funktion $g \geqq 0$ folgt aus der φ-Summierbarkeit von fg die ψ-Summierbarkeit von g und (74).

(76) Für jede ψ-summierbare Funktion $g \geqq 0$ ist fg φ-summierbar, und (74) gilt.

In diesem Paragraphen wird die Aussage (75) untersucht, die Aussage (76) im folgenden.

Bemerkungen. 1. Ein Beispiel einer Ableitung, welche die Bedingungen (75) und (76) nicht erfüllt, liefert SAKS [22], § 14: Es sei E das Einheitsintervall aus R, m das System der LEBESGUE-meßbaren Teilmengen von E, φ das diskrete Maß (welches jeder einpunktigen Menge das Maß 1 zuordnet) und ψ das LEBESGUEsche Maß auf m. Dann ist $f = 0$ eine Ableitung von ψ nach φ; denn jede φ-summierbare Menge ist abzählbar, also eine ψ-Nullmenge.

2. Ist (E, m, φ) ein total σ-endlicher Maßraum und das Maß ψ nach φ differenzierbar, so ist offenbar jede Ableitung f von ψ nach φ regulär, erfüllt also die Bedingungen (75) und (76).

Definition. Eine Ableitung f von ψ nach φ heißt positiv, wenn $f > 0$ gilt, bis auf eine ψ-Nullmenge.

Satz 22. Eine Ableitung f von ψ nach φ erfüllt die Bedingung (75) genau dann, wenn sie positiv ist.

Beweis. 1. Erfüllt eine Ableitung f von ψ nach φ die Bedingung (75), so ergibt die Anwendung auf $g = \chi_{\{f = 0\}}$, daß $\psi(\{f = 0\}) = 0$ gilt, also wegen $f \geqq 0$ die Positivität von f.

2. Es sei f eine Ableitung von ψ nach φ, welche positiv ist.

Behauptung. f erfüllt die Bedingung (75). Beweis analog AUMANN [1], 9.7.4. Es sei $g \geqq 0$ meßbar und fg φ-summierbar. Für jede natürliche Zahl n sei

$$h_n = nfg(nf + 1)^{-1}.$$

Dann ist jedes h_n meßbar, und wegen $f \geqq 0$ gilt

$$0 \leqq h_n \leqq h_{n+1} \leqq (n + 1)fg \quad \text{für jedes } n.$$

Daher ist mit fg auch jedes h_n φ-summierbar. Weiter gilt

$$0 \leqq fh_n \leqq fh_{n+1} \leqq fg \qquad \text{für jedes } n.$$

Mit fg sind daher auch alle fh_n und $\sup_n fh_n$ φ-summierbar, und es gilt, weil $\sup_n fh_n = fg$:

$$\int fg \, d\varphi = \int \sup_n fh_n \, d\varphi = \sup_n \int fh_n \, d\varphi.$$

Weil neben den h_n auch die fh_n φ-summierbar sind, ist jedes h_n auch ψ-summierbar, und es gilt

$$\int h_n \, d\psi = \int fh_n \, d\varphi.$$

Es sei

$$h = \begin{cases} g \text{ auf } \{f > 0\} \\ 0 \text{ sonst.} \end{cases}$$

Weil (h_n) monoton wachsend gegen h konvergiert, folgt nun, daß h ψ-summierbar ist und daß gilt

$$\int h \, d\psi = \int fg \, d\varphi.$$

Nach Voraussetzung ist $\{f \leqq 0\}$ eine ψ-Nullmenge. Daher ist mit h auch g ψ-summierbar, und es folgt, daß

$$\int g \, d\psi = \int fg \, d\varphi$$

gilt, womit (75) bewiesen ist.

Offen bleibt

Frage 11. Ist jede positive Ableitung von ψ nach φ schon eine reguläre Ableitung von ψ nach φ? Oder existiert wenigstens mit jeder positiven Ableitung von ψ nach φ auch stets eine reguläre Ableitung von ψ nach φ?

§ 15. Dichte Ableitung

Definition. Eine Ableitung f von ψ nach φ heißt dicht, wenn zu jeder ψ-summierbaren Funktion $g \geq 0$ eine monoton wachsende Folge von φ-summierbaren Funktionen $h_n \geq 0$ und eine ψ-Nullmenge N existieren, so daß (h_n) außerhalb von N gegen g konvergiert und f auf N verschwindet.

Satz 23. Eine Ableitung f von ψ nach φ genügt der Bedingung (76) genau dann, wenn sie dicht ist.

Beweis. Es sei f eine Ableitung von ψ nach φ.

1. Zunächst sei f dicht, außerdem $g \geq 0$ ψ-summierbar. Dann existieren also eine monoton wachsende Folge (h_n) φ-summierbarer Funktionen mit $0 \leq h_n \leq g$ und eine ψ-Nullmenge $N \subseteq \{f = 0\}$, außerhalb derer (h_n) gegen g konvergiert. Mit g ist auch jedes h_n ψ-summierbar. Weil f eine Ableitung von ψ nach φ ist, folgt, daß jedes fh_n φ-summierbar ist und

$$\int fh_n \, d\varphi = \int h_n \, d\psi$$

gilt. Schließlich konvergiert (fh_n) monoton wachsend gegen fg, weil f auf N verschwindet und (h_n) außerhalb von N gegen g konvergiert. Weil N eine ψ-Nullmenge ist, gilt also

$$\sup_n \int h_n \, d\psi = \int g \, d\psi.$$

Nun folgt, daß fg φ-summierbar ist und (74) gilt. Also ist Bedingung (76) erfüllt.

2. Es sei die Bedingung (76) erfüllt und außerdem $g \geq 0$ ψ-summierbar. Dann ist also fg φ-summierbar, und (74) gilt. Für jede natürliche Zahl n sei

$$h_n = g \cdot \min(nf, 1).$$

Mit fg ist dann auch jedes k_n φ-summierbar. Nun folgt aus (76), daß

$$f > 0 \text{ bis auf eine lokale } \psi\text{-Nullmenge}$$

gilt. Wegen der ψ-Summierbarkeit von g folgt hieraus, daß

$N = \{f = 0\} \cap \{g > 0\}$ eine ψ-Nullmenge ist. Die Folge (h_n) konvergiert außerhalb von N gegen g. Hiermit ist bewiesen, daß f dicht ist.

Korollar 1. Ist f eine dichte Ableitung von ψ nach φ, so gilt $f > 0$ bis auf eine lokale ψ-Nullmenge.

Korollar 2. Ist f eine dichte Ableitung von ψ nach φ und ist ψ total σ-endlich, so ist f regulär.

Der Beweis von Korollar 1 folgt unmittelbar aus Satz 23. Der Beweis von Korollar 2 folgt aus Korollar 1 und den Sätzen 22 und 23.

Für später sei noch bewiesen

Hilfssatz 16. Eine Ableitung f von ψ nach φ ist dicht genau dann, wenn zu jeder ψ-summierbaren Menge S eine Folge (S_n) φ-summierbarer Mengen und eine ψ-Nullmenge N existieren, so daß $S - \bigcup_n S_n \subseteq N$ gilt und f auf N verschwindet.

Beweis. 1. Es sei f eine dichte Ableitung von ψ nach φ und S eine beliebige ψ-summierbare Menge. Dann existieren eine monoton wachsende Folge (h_n) von nicht negativen φ-summierbaren Funktionen und eine ψ-Nullmenge N, so daß (h_n) außerhalb von N gegen χ_S konvergiert und f auf N verschwindet. Zu jedem h_n existiert wegen seiner φ-Summierbarkeit bekanntlich eine Folge $(S_{n,m})_m$ von φ-summierbaren Mengen, so daß h_n außerhalb der Menge $\bigcup_m S_{n,m}$ verschwindet. Es folgt, daß gilt

$$S - N \subseteq \bigcup_{n,m} S_{n,m} .$$

Die Folge $(S_{n,m})_{n,m}$ und die Menge N leisten also das Gewünschte.

2. Es sei f eine Ableitung von ψ nach φ, welche die Dichtheitsbedingung des Satzes erfüllt, und g eine beliebige nicht negative ψ-summierbare Funktion. Dann existiert eine Folge (S_n) ψ-summierbarer Mengen, so daß g außerhalb deren Vereinigung verschwindet. Nach Voraussetzung existieren zu jedem S_n eine Folge $(S_{n,m})_m$ φ-summierbarer Mengen und eine ψ-Nullmenge N_n, so daß gilt

$$S_n - N_n \subseteq \bigcup_m S_{n,m} \quad \text{und } f = 0 \text{ auf } N_n.$$

Für jede natürliche Zahl n sei

$$H_n = \bigcup_{\nu,\mu \leq n} S_{\nu,\mu} \quad \text{und} \quad h_n = \min(g, n\chi_{H_n}).$$

Dann ist (h_n) eine monoton wachsende Folge von nicht negativen φ-summierbaren Funktionen, welche außerhalb von $N = \bigcup_n N_n$ gegen g konvergiert. Mit den N_n liegt natürlich auch N in $n_\psi \subseteq \{f = 0\}$.

Hiermit ist der Hilfssatz 16 bewiesen.

Offen bleibt die Frage nach einer 'regulären', 'positiven' oder 'dichten' Verschärfung des Satzes von RADON-NIKODYM:

<u>Frage 12</u>. Welche Bedingungen muß ein Maßraum $(E, \mathfrak{m}, \varphi)$ erfüllen, damit jedes φ-stetige Maß auf $\mathfrak{m}$ eine reguläre, eine positive oder eine dichte Ableitung nach φ besitzt?

Teil III. SONDERFÄLLE

§ 16. STONE-Integral

Definitionen. Ein STONE-Integral ist definiert durch ein Tripel $(E, \mathfrak{B}, \Phi)$ und eine Erweiterungsvorschrift für Φ. Hierbei ist E eine Menge, $\mathfrak{B}$ ein Vektorverband aus $\overline{R}^E$, welcher der sogenannten STONEschen Bedingung

$$\min(1,f)\in\mathfrak{B} \quad \text{für jedes } f\in\mathfrak{B}$$

genügt, und Φ ein positives lineares Funktional auf $\mathfrak{B}$, welches der Stetigkeitsbedingung

$$\inf \Phi(g_n) = 0 \text{ für jede monoton gegen 0 fallende Folge } (g_n) \text{ aus } \mathfrak{B}$$

genügt. Die Erweiterungsvorschrift für Φ wird wie folgt durch eine Halbnorm N_Φ definiert:

Für jedes $f\in\overline{R}^E$ sei

$$F(f) = \{(g_n) : g_n\in\mathfrak{B},\ g_n \leq g_{n+1} \text{ und } |f| \leq \sup_n g_n\}$$

und hiermit

$$N_\Phi(f) = \begin{cases} \inf \{\sup_n \Phi(g_n) : (g_n)\in F(f)\}, & \text{wenn } F(f) \neq \emptyset \\ \infty & \text{, wenn } F(f) = \emptyset. \end{cases}$$

Eine Funktion $f \geq 0$ aus $\overline{R}^E$ heißt Φ-summierbar, wenn eine Folge (g_n) aus $\mathfrak{B}$ existiert, wofür

$$N_\Phi(f - g_n) \to 0$$

gilt. Eine beliebige Funktion f aus $\overline{R}^E$ heißt Φ-summierbar, wenn f^+ und f^- Φ-summierbar sind. Für eine Φ-summierbare Funktion f sei

$$\int f\, d\Phi = N_\Phi(f^+) - N_\Phi(f^-).$$

Eine Funktion f aus $\overline{R}^E$ heißt Φ-meßbar, wenn mit zwei Funktionen g und h stets auch med(f,g,h) Φ-summierbar ist. Hierbei ist

$$\text{med}(f,g,h) = \min(\max(f,g), \max(f,h), \max(g,h)).$$

Eine Teilmenge M von E heißt Φ-meßbar, wenn χ_M Φ-meßbar ist. Für eine Φ-meßbare Menge $M \subseteq E$ sei

$$\varphi(M) = N_\Phi(\chi_M).$$

Dann ist φ ein Maß auf dem System $\mathfrak{m}_\Phi = \mathfrak{m}_{(E, \mathfrak{B}, \Phi)}$ der Φ-meßbaren Mengen. Der zu $(E, \mathfrak{B}, \Phi)$ gehörige Maßraum $(E, \mathfrak{m}_\Phi, \varphi)$ sei mit $\underline{M}_{(E, \mathfrak{B}, \Phi)}$ oder $\underline{M}_\Phi$ bezeichnet.

Aus der STONEschen Bedingung folgt bekanntlich

(77) $\underline{M}_{(E, \mathfrak{B}, \Phi)}$ ist gleich seiner CARATHÉODORYschen Erweiterung

und

(78) $(E, \mathfrak{B}, \Phi)$ und $\underline{M}_{(E, \mathfrak{B}, \Phi)}$ haben dieselbe Integralerweiterung.

Sind $(E, \mathfrak{B}, \Phi)$ und $(E, \mathfrak{B}, \Psi)$ STONE-Integrale über demselben $\mathfrak{B}$, so heißt Ψ Φ-stetig, wenn für jedes f aus $\overline{R}^E$ aus $N_\Phi(f) = 0$ stets $N_\Psi(f) = 0$ folgt. Der Begriff der Ableitung von Ψ nach Φ (Ψ und Φ auf demselben $\mathfrak{B}$) sei wie für Maße definiert. Ebenso sei der Satz von RADON-NIKODYM (monoton oder linear) wie für Maßräume zu verstehen. Auch die Begriffe reguläre, positive und dichte Ableitung von Ψ nach Φ sind wie für Maße definiert, bis auf einen Punkt: Es muß zwischen Φ-Meßbarkeit und Ψ-Meßbarkeit unterschieden werden. Diese Unterscheidung wird bei der Definition einer regulären Ableitung von Ψ nach Φ nötig. Die hierbei auftretende Funktion g soll Φ-meßbar sein. Ebenso sei bei einer Übertragung der Bedingung (76) verfahren.

Der folgende Hilfssatz wurde schon in der Arbeit [12] benutzt.

<u>Hilfssatz 17</u>. Für ein STONE-Integral $(E, \mathfrak{B}, \Phi)$ ist eine Funktion $g \geq 0$ aus $\overline{R}^E$ summierbar genau dann, wenn zu jedem $\epsilon > 0$ eine monoton wachsende Folge (h_n) und eine monoton fallende Folge (k_n) aus $\mathfrak{B}^+$ existieren, so daß gilt

$$\inf_n k_n \leq g \leq \sup_n h_n \text{ und } \sup_n \Phi(h_n) - \inf_n \Phi(k_n) < \epsilon.$$

<u>Hilfssatz 18</u>. Es seien $(E, \mathfrak{B}, \Phi)$ und $(E, \mathfrak{B}, \Psi)$ STONE-Integrale, so daß Ψ Φ-stetig ist. Dann ist jede Φ-meßbare Funktion auch Ψ-meßbar.

Beweis. ZAANEN [25], § 31, th. 1, proof (a), beweist diese Behauptung unter der zusätzlichen Voraussetzung, daß das zu Φ gehörige Maß total σ-endlich ist. Sein Beweis läßt sich wie folgt verallgemeinern:

Es sei f Φ-meßbar. Nach AUMANN [1], 9.3.1. ist für die Ψ-Meßbarkeit von f hinreichend, daß gilt:

$$\mathrm{med}(f, g, h) \text{ ist } \Psi\text{-summierbar für alle } g \text{ und } h \text{ aus } \mathfrak{B}.$$

Es seien also g und h aus $\mathfrak{B}$ beliebig. Wegen der Φ-Meßbarkeit von f ist mit g und h auch med(f, g, h) Φ-summierbar. Nach ZAANEN, loc. cit., folgt, daß med(f, g,h) Ψ-meßbar ist. Mit g und h ist daher auch med(f, g, h) Ψ-summierbar, was zu zeigen war.

Hilfssatz 19. Sind (E, $\mathfrak{B}$, Φ) und (E, $\mathfrak{B}$, Ψ) STONE-Integrale mit demselben $\mathfrak{B}$, so ist Ψ Φ-stetig genau dann, wenn jede lokale Φ-Nullmenge auch eine lokale Ψ-Nullmenge ist.

Dies bewies ZAANEN [24], th. 7.2. Hierbei ist der Begriff der lokalen Nullmenge natürlich bezüglich des zugehörigen Maßes zu verstehen.

Satz 25. Für ein STONE-Integral gilt der Satz von RADON-NIKODYM (monoton oder linear) genau dann, wenn dasselbe für den zugehörigen Maßraum der Fall ist.

Beweis. 1. Es sei $\underline{I}$ = (E, $\mathfrak{B}$, Φ) ein STONE-Integral, so daß für den zugehörigen Maßraum $\underline{M}_\Phi$ = (E, $\mathfrak{m}_\Phi$, φ) der Satz von RADON-NIKODYM gilt. Ferner sei (E, $\mathfrak{B}$, Ψ) ein STONE-Integral, so daß Ψ Φ-stetig ist. Nach Hilfssatz 18 ist jede Φ-meßbare Funktion auch Ψ-meßbar. Daher ist das zu Ψ gehörige Maß ψ auf ganz $\mathfrak{m}_\Phi$ definiert. Offenbar ist die Einschränkung von ψ auf $\mathfrak{m}_\Phi$ φ-stetig. Nach Voraussetzung existiert hierfür eine Ableitung f_ψ nach φ.

Behauptung. f_ψ ist eine Ableitung von Ψ nach Φ.

Beweis. Wegen (77), (78) und Hilfssatz 1 folgt aus der $\mathfrak{m}_\Phi$-Meßbarkeit von f_ψ, daß f_ψ auch Φ-meßbar ist. Die Anwendung von (78) auf $\underline{I}$ und (E, $\mathfrak{B}$, Ψ) ergibt, daß die (2) entsprechende Ableitungsbedingung für STONE-Integrale erfüllt ist.

1a. Ist $\psi \to f_\psi$ eine monotone Differentiation für $\underline{M}_\Phi$, so liefert diese, entsprechend 1., auch eine monotone Differentiation für $\underline{I}$; denn aus $\Psi_1 \leq \Psi_2$ folgt $\psi_1 \leq \psi_2$ für die zugehörigen Maße.

1b. Es sei $\psi \to f_\psi$ eine lineare Differentiation für $\underline{M}_\Phi$.

Behauptung. Hierdurch wird, entsprechend 1., eine lineare Differentiation für $\underline{I}$ geliefert.

Beweis. Die Zuordnung ist offenbar positiv homogen für $\underline{I}$. Es sei $\Psi = \Psi_1 + \Psi_2$. Wegen der Additivität der Zuordnung $\psi \to f_\psi$ für M_Φ genügt es, für die zugehörigen Maße

$$\psi = \psi_1 + \psi_2$$

zu beweisen, um die Additivität der Zuordnung $\Psi \to f_\psi$ zu erhalten. Aus der Definition der Halbnorm folgt, daß

$$N_{\underline{\Psi}} \leq N_{\underline{\Psi}_1} + N_{\underline{\Psi}_2}$$

gilt, woraus

$$\psi \leq \psi_1 + \psi_2$$

folgt. Nun sei M eine ψ-summierbare Menge. Dann ist M nach (78) auch Ψ-summierbar. Also ist $F(\chi_M)$ nicht leer, und zu jedem $\epsilon > 0$ existiert eine Folge (g_n) aus $F(\chi_M)$, so daß

$$\psi(M) + \epsilon > \sup_n \Psi(g_n)$$

gilt. Wegen der Monotonie der Folge (g_n) und der Funktionale Ψ, Ψ_1 und Ψ_2 gilt

$$\sup_n \Psi(g_n) = \sup_n \Psi_1(g_n) + \sup_n \Psi_2(g_n).$$

Hieraus folgt

$$\psi(M) + \epsilon > \psi_1(M) + \psi_2(M).$$

Weil ϵ beliebig positiv war, folgt

$$\psi(M) \geq \psi_1(M) + \psi_2(M).$$

2. Es sei $\underline{I} = (E, \mathfrak{B}, \Phi)$ ein STONE-Integral, für welches der Satz von RADON-NIKODYM gilt, $\underline{M}_\Phi = (E, \mathfrak{m}_\Phi, \varphi)$ der zu $\underline{I}$ gehörige Maßraum und ψ ein φ-stetiges Maß auf $\mathfrak{m}_\Phi$. Nach Hilfssatz 2 gilt dann

$$\psi = \sup_n \psi_n \quad \text{für } \psi_n = \min(n\varphi, \psi).$$

Wegen $\psi_n \leq n\varphi$ ist jede φ-summierbare Funktion auch ψ_n-summierbar, weshalb durch

$$\Psi_n(g) = \int g \, d\psi_n \quad \text{für } g \in \mathfrak{B}$$

ein positives, lineares und im Sinne von STONE stetiges Funktional auf $\mathfrak{B}$ definiert wird. Es gilt $\Psi_n \leq n\Phi$. Also ist Ψ_n Φ-stetig. Nach Voraussetzung existiert also eine Ableitung f_n von Ψ_n nach Φ. Behauptung. f_n ist auch eine Ableitung von ψ_n nach φ.

Behauptung 1. Jede Ψ_n-summierbare Funktion ist ψ_n-summierbar, und es gilt

$$\int g \, d\psi_n = \int g \, d\Psi_n.$$

Der Beweis folgt unmittelbar durch Anwendung von Hilfssatz 17.

Behauptung 2. Für jede φ-summierbare Menge S, wofür $f_n\chi_S$ auch φ-summierbar ist, gilt

$$\psi_n(S) = \int_S f_n \, d\varphi.$$

Beweis. Wenn S und $f_n\chi_S$ φ-summierbar sind, so sind sie nach (78) auch Φ-summierbar. Weil f_n eine Ableitung von Ψ_n nach Φ ist, folgt aus der Φ-Summierbarkeit von S und $f_n\chi_S$, daß gilt

$$\chi_S \text{ ist } \Psi_n\text{-summierbar und } \int \chi_S \, d\Psi_n = \int f_n\chi_S \, d\Phi.$$

Nach Behauptung 1 folgt aus letzterem

$$S \text{ ist } \psi_n\text{-summierbar und } \psi_n(S) = \int_S f_n \, d\varphi.$$

Nun folgt aus (78), daß Behauptung 2 gilt.

Behauptung 3. Mit jeder Menge S ist auch die Funktion $f_n\chi_S$ φ-summierbar.

Der Beweis folgt unmittelbar aus (78) und $\Psi_n \leq n\Phi$.

Weil f_n Φ-meßbar ist, folgt aus (77), (78) und Hilfssatz 1, daß f_n auch m_φ-meßbar ist. Nun folgt aus den Behauptungen 2 und 3, daß f_n eine Ableitung von ψ_n nach φ ist.

Die Anwendung von Hilfssatz 4 ergibt nun, daß $f_\psi = \sup_n f_n$ eine Ableitung von ψ nach φ ist. Also gilt für $\underline{M}_\phi$ der Satz von RADON-NIKODYM.

Aus der Konstruktion der Differentiation $\psi \to f_\psi$ für $\underline{M}_\phi$ folgt unmittelbar, daß diese monoton ist, wenn die Differentiation $\Psi \to f_\Psi$ für $\underline{I}$ monoton ist. Ist nun $\Psi \to f_\Psi$ eine lineare Differentiation für $\underline{I}$, so ist sie auch monoton, also $\psi \to f_\psi$ eine monotone

Differentiation für $\underline{M}_{\Phi}$. Jetzt folgt aus Satz 11, daß für $\underline{M}_{\Phi}$ auch eine lineare Differentiation existiert.

Hiermit ist Satz 25 bewiesen.

<u>Korollar</u>. Für ein STONE-Integral gilt der Satz von RADON-NIKODYM monoton und linear genau dann, wenn der zugehörige Maßraum eine Zerlegung oder ein lineares Lifting besitzt.

Der Beweis folgt unmittelbar aus den Sätzen 11 und 25.

<u>Definition</u>. Ein positives RADONsches Maß auf einem lokal kompakten Raum E ist ein positives lineares Funktional auf dem Vektorverband $\mathfrak{C}(E)$ der stetigen Funktionen aus R^E mit kompaktem Träger.

Ein positives RADONsches Maß Φ auf einem lokal kompakten Raum E ist (auf Grund des Satzes von DINI) stetig im Sinne von STONE. Das zugehörige STONE-Integral $(E, \mathfrak{C}(E), \Phi)$ heiße kurz das STONE-Integral über Φ.

<u>Satz 26</u>. Es gibt ein STONE-Integral, sogar über einem positiven RADONschen Maß, für welches der Satz von RADON-NIKODYM nicht gilt, und der zugehörige Maßraum keine Zerlegung hat.

Beweis. HALMOS [7], sec. 31, exerc. 9, betrachtet folgenden Maßraum: Es sei $E = A \times B$, wobei A und B nicht abzählbare Mengen sind, so daß die Mächtigkeit von A kleiner als die Mächtigkeit von B ist. <u>Horizontale</u> heiße eine Menge $H \subseteq E$ der Gestalt

$$H = \{(a,b) : a \in A\}, \text{ wobei } b \in B \text{ fest,}$$

und <u>Vertikale</u> eine Menge $V \subseteq E$ der Gestalt

$$V = \{(a,b) : b \in B\}, \text{ wobei } a \in A \text{ fest.}$$

Es sei $\mathfrak{m}$ das System derjenigen Mengen $M \subseteq E$, wofür gilt:

(79) Für jede Horizontale H ist $M \cap H$ oder $M-H$ abzählbar.

(80) Für jede Vertikale V ist $M \cap V$ oder $M-V$ abzählbar.

(81) Es existieren abzählbar viele Horizontalen H_n und abzählbar viele Vertikalen V_m, so daß $M \subseteq \bigcup_{n,m} H_n \cup V_m$ gilt.

Für jedes $M \in \mathfrak{m}$ sei

$$\varphi(M) = \begin{cases} \text{Anzahl der Horizontalen } H, \text{ wofür } H-M \text{ abzählbar ist,} \\ + \text{ Anzahl der Vertikalen } V, \text{ wofür } V-M \text{ abzählbar ist.} \end{cases}$$

und

$\psi(M)$ = Anzahl der Vertikalen V, wofür M-V abzählbar ist.

Dann sind φ und ψ Maße auf $\mathfrak{m}$, und ψ ist φ-stetig. Nach dem Ansatz von HALMOS folgt, daß ψ keine Ableitung nach φ besitzt.

Für den Maßraum $\underline{M}_\varphi = (E, \mathfrak{m}, \varphi)$ von HALMOS bezeichne $\overline{\underline{M}}_\varphi = (E, \overline{\mathfrak{m}}_\varphi, \overline{\varphi})$ die CARATHEODORYsche Erweiterung, entsprechend $\overline{\underline{M}}_\psi = (E, \overline{\mathfrak{m}}_\psi, \overline{\psi})$ die von $\underline{M}_\psi = (E, \mathfrak{m}, \psi)$. Dann ergibt Hilfssatz 1, wie schon in [13], Beweis von Satz 10, für $\overline{\underline{M}}_\varphi$ bemerkt wurde, daß

$$\overline{\mathfrak{m}}_\varphi = \{M \subseteq E : M \text{ erfüllt (79) und (80)}\} = \overline{\mathfrak{m}}_\psi$$

gilt. Auf $\overline{\mathfrak{m}}_\varphi = \overline{\mathfrak{m}}_\psi$ ist $\overline{\psi}$ ein $\overline{\varphi}$-stetiges Maß. Weil $\underline{M}_\varphi$ und $\overline{\underline{M}}_\varphi$ dieselben Nullmengen haben, folgt wie bei HALMOS, daß $\overline{\psi}$ keine Ableitung nach $\overline{\varphi}$ besitzt.

Nun existiert ein STONE-Integral $\underline{I} = (E, \mathfrak{B}, \Phi)$, so daß

$$\overline{\underline{M}}_\varphi = M_{\underline{I}}$$

gilt. ([12], Satz 1. Man definiere $\mathfrak{B}$ als das System der $\overline{\varphi}$-summierbaren Treppenfunktionen und Φ als das zu $\overline{\varphi}$ gehörige Elementarintegral auf $\mathfrak{B}$). Da der Satz von RADON-NIDODYM für $\overline{\underline{M}}_\varphi$ nicht gilt, gilt er nach Satz 26 auch für $\underline{I}$ nicht.

Die Anwendung des Darstellungsverfahrens von BAUER [2] auf das Paar E, $\mathfrak{B}$ ergibt die Existenz eines lokal kompakten Raumes $E' \supseteq E$ und einer ordnungstreuen Abbildung

$$\Psi \to \Psi'$$

des Systems aller positiven, linearen und im Sinne von STONE stetige Funktionale auf $\mathfrak{B}$ auf das System aller positiven RADONschen Maße auf E', so daß für jedes Ψ gilt:

> $f \in \overline{R}^E$ ist Ψ-summierbar genau dann, wenn eine Fortsetzung $f' \in \overline{R}^{E'}$ von f auf E' existiert, welche Ψ'-summierbar ist.
>
> Für jedes Ψ-summierbare f gilt außerdem $\int f \, d\Psi = \int f' \, d\Psi'$.

Daher kann für das STONE-Integral $\underline{I}' = (E', \mathfrak{C}(E'), \Phi')$, welches zu dem Bild Φ' von Φ gehört, der Satz von RADON-NIKODYM ebenfalls nicht gelten.

In [13], Sätze 9 - 11, wurde bereits gezeigt, daß die Maßräume $\underline{M}_\varphi$, $\overline{\underline{M}}_\varphi$ und der zu $\underline{I}'$ gehörige Maßraum keine Zerlegung haben.

Also ist Satz 26 bewiesen.

Satz 27. Sind $(E, \mathfrak{B}, \Phi)$ und $(E, \mathfrak{B}, \Psi)$ STONE-Integrale, so daß Ψ nach Φ differenzierbar ist, dann ist jede Ableitung von Ψ nach Φ dicht.

Beweis. Es sei f eine Ableitung von Ψ nach Φ und $S \subseteq E$ Ψ-summierbar. Dann existiert eine monoton wachsende Folge (g_n) aus $\mathfrak{B}^+$, so daß $\chi_S \leq \sup_n g_n$ gilt. Für jedes g_n existiert wegen seiner Φ-Summierbarkeit eine Folge $(S_{n,m})_m$ von Φ-summierbaren Mengen, so daß g_n außerhalb deren Vereinigung verschwindet. Die Menge S ist also in der Vereinigung aller $S_{n,m}$ enthalten. Nun läßt sich Hilfssatz 16 offenbar auf das STONE-Integral übertragen und ergibt, daß f dicht ist.

Bemerkung. Die Aussage von Satz 23 überträgt sich offenbar auf STONE-Integrale. Daher folgt aus Satz 27, daß für STONE-Integrale jede Ableitung die (76) entsprechende Bedingung erfüllt.

Hiermit ist gezeigt, daß die Definition der Ableitung für STONE-Integrale, welche ZAANEN [24], part II, gibt, indem er (76) zugrundelegt, nicht spezieller ist als die formal allgemeinere Definition dieser Arbeit.

Offen bleibt jedoch

Frage 13. Ist für STONE-Integrale jede Ableitung positiv, also (nach Satz 27 und den Satz 22 und Satz 23 entsprechenden Aussagen für STONE-Integrale) regulär?

§ 17. BOURBAKI-Integral

Definitionen. Das BOURBAKI-Integral ist ganz analog dem STONE-Integral definiert, nur werden überall gerichtete Familien zugrundegelegt, wo bei dem letzteren gewöhnliche Folgen stehen:

Ein BOURBAKI-Integral ist auch definiert durch ein Tripel $(E, \mathfrak{B}, \Phi)$ und eine Erweiterungsvorschrift für Φ. Hierbei ist E wiederum eine Menge, $\mathfrak{B}$ wieder ein Vektorverband aus R^E, welcher der STONEschen Bedingung genügt, und Φ ein positives lineares Funktional auf $\mathfrak{B}$, welches der (stärkeren) Stetigkeitsbedingung

$$\inf \{\Phi(g) : g \in \mathfrak{G}\} = 0 \text{ für jede fallend gerichtete Familie } \mathfrak{G} \text{ aus } \mathfrak{B} \text{ mit } \inf \mathfrak{G} = 0$$

genügt. Für jedes f aus $\overline{\mathbb{R}}^E$ sei

$$\dot{F}(f) = \{\mathfrak{G} \subseteq \mathfrak{B}^+ : \mathfrak{G} \text{ wachsend gerichtet, } |f| \leq \sup \mathfrak{G}\}$$

und hiermit

$$\dot{N}_\Phi(f) = \begin{cases} \inf \{\sup \{\Phi(g) : g \in \mathfrak{G}\} : \mathfrak{G} \in \dot{F}(f), \text{ wenn } \dot{F}(f) \neq \emptyset \\ \infty, \text{ sonst.} \end{cases}$$

Mit Hilfe von $\dot{N}_\Phi$ werden die summierbaren- und die meßbaren Funktionen und Mengen sowie Integral und zugehöriges Maß definiert, ganz wie für das STONE-Integral. Der zu einem BOURBAKI-Integral $\underline{I} = (E, \mathfrak{B}, \Phi)$ gehörige Maßraum sei mit $\dot{\underline{M}}_{\underline{I}} = (E, \dot{\mathfrak{m}}_\Phi, \dot{\varphi})$ bezeichnet. Für ihn gelten die (77) und (78) entsprechenden Aussagen.

Auch die Begriffe der Differentiationstheorie sind für das BOURBAKI-Integral genau so zu verstehen wie für das STONE-Integral.

Folgender Hilfssatz von McSHANE [17](siehe HAUPT-AUMANN-PAUC [8], Bd. III, 6.2.2., 2. Satz) wird wiederholt benutzt werden:

<u>Hilfssatz 19</u>. Ist $(E, \mathfrak{B}, \Phi)$ ein BOURBAKI-Integral und $\mathfrak{H}$ eine wachsend gerichtete Familie aus $\mathfrak{B}^+$, so daß

$$s = \sup \{\Phi(h) : h \in \mathfrak{H}\} < \infty$$

gilt, dann ist $h_0 = \sup \mathfrak{H}$ summierbar und

$$\int h_0 \, d\Phi = s$$

gilt.

<u>Korollar</u>. Ist $(E, \mathfrak{B}, \Phi)$ ein BOURBAKI-Integral und $\mathfrak{K}$ eine fallend gerichtete Familie aus $\mathfrak{B}^+$, dann ist $k_0 = \inf \mathfrak{K}$ summierbar, und es gilt

$$\int k_0 \, d\Phi = \inf \{\Phi(k) : k \in \mathfrak{K}\}.$$

Der Beweis läßt sich durch Betrachtung von

$$\mathfrak{H} = \{k_1 - k : k \in \mathfrak{K}, k \leq k_1\},$$

wobei $k_1 \in \mathfrak{K}$ beliebig sei, auf Hilfssatz 19 zurückführen.

Der folgende Hilfssatz wurde schon in der Arbeit [12] benutzt und ist das Analogon zu Hilfssatz 17.

<u>Hilfssatz 20</u>. Für ein BOURBAKI-Integral $(E, \mathfrak{B}, \Phi)$ ist eine Funktion $f \geq 0$ aus $\overline{\mathbb{R}}^E$ summierbar genau dann, wenn zu jedem $\epsilon > 0$

eine wachsend gerichtete Familie $\mathfrak{H}$ und eine fallend gerichtete Familie $\mathfrak{K}$ aus $\mathfrak{B}^+$ existieren, so daß

(82) $$\inf \mathfrak{K} \leq f \leq \sup \mathfrak{H} \quad \text{und}$$
$$\sup \{\Phi(h) : h \in \mathfrak{H}\} - \inf \{\Phi(k) : k \in \mathfrak{K}\} < \epsilon$$

gilt.

Hilfssatz 21. Ist $(E, \mathfrak{B}, \Phi)$ ein BOURBAKI-Integral und $\mathfrak{G}$ eine wachsend gerichtete Familie aus $\mathfrak{B}^+$, so ist $\sup \mathfrak{G}$ meßbar.

Beweis. Es sei $\mathfrak{G}$ aus $\mathfrak{B}^+$ wachsend gerichtet und $g_0 = \sup \mathfrak{G}$ gesetzt. Für die Meßbarkeit von g_0 ist hinreichend (HAUPT-AUMANN-PAUC [8], Bd. III, 6.3.1., 4. Satz), daß mit jedem $f \geq 0$ auch $\min(f, g_0)$ summierbar ist. Es sei also $f \geq 0$ summierbar. Nach Hilfssatz 20 gibt es zu jedem $\epsilon > 0$ eine wachsend gerichtete Familie $\mathfrak{H}$ und eine fallend gerichtete Familie $\mathfrak{K}$ aus $\mathfrak{B}^+$, so daß (82) gilt. Hierfür sei

$k_0 = \inf \mathfrak{K}$, $h_0 = \sup \mathfrak{H}$, $u = \min(k_0, g_0)$ und $v = \min(h_0, g_0)$.

Dann gilt

(83) $$u \leq \min(f, g_0) \leq v.$$

Behauptung 1. v ist summierbar.

Beweis. Es sei

$$\mathfrak{H}' = \{\min(h, g) : h \in \mathfrak{H}, g \in \mathfrak{G}\}.$$

Dann ist mit $\mathfrak{H}$ und $\mathfrak{G}$ auch $\mathfrak{H}'$ wachsend gerichtet und in $\mathfrak{B}^+$ enthalten. Aus (82) folgt, daß

$$\sup \{\Phi(h') : h' \in \mathfrak{H}'\} < \infty$$

gilt. Wegen $v = \sup \mathfrak{H}'$ folgt aus Hilfssatz 19, daß v summierbar ist.

Behauptung 2. $\dot{N}_\Phi(v - u) < 2\epsilon$.

Beweis. Einerseits gilt

$$0 \leq v - \min(f, g_0) \leq h_0 - f.$$

Hieraus folgt wegen (82), daß

$$\dot{N}_\Phi(v - \min(f, g_0)) < \epsilon$$

gilt. Andererseits ist

$$0 \leq \min(f, g_0) - u \leq f - k_0$$

erfüllt. Hieraus folgt wegen (82), daß

$$\dot{N}_\Phi(\min(f, g_0) - u) < \epsilon$$

gilt.

Weil ϵ beliebig positiv war, folgt aus (83) sowie den Behauptungen 1 und 2, daß $\min(f, g_0)$ summierbar ist, was zu zeigen war.

Hilfssatz 22. a) Für ein STONE-Integral $(E, \mathfrak{B}, \Phi)$ ist eine Funktion $p \geq 0$ meßbar beziehungsweise eine lokale Nullfunktion, wenn für jede monoton wachsende Folge (g_n) aus $\mathfrak{B}^+$ die Funktion

$$p\chi\{\inf g_n \geq 1\}$$

meßbar beziehungsweise eine Nullfunktion ist.

b) Für ein BOURBAKI-Integral $(E, \mathfrak{B}, \Phi)$ ist eine Funktion $p \geq 0$ aus $\overline{\overline{R}}^E$ meßbar beziehungsweise eine lokale Nullfunktion, wenn für jede fallend gerichtete Familie $\mathfrak{G}$ aus $\mathfrak{B}^+$ die Funktion

$$p\chi\{\inf \mathfrak{G} \geq 1\}$$

meßbar beziehungsweise eine Nullfunktion ist.

Der Beweis der Behauptung a) kann ganz analog zu dem der Sätze 1 und 2 in [13] geführt werden und sei deshalb nur skizziert: Es bezeichne $\mathfrak{K}$ das System der Mengen der Gestalt $\{\inf g_n \geq 1\}$, wobei (g_n) eine beliebige monoton fallende Folge aus $\mathfrak{B}^+$ gezeichne. Dann folgt aus Hilfssatz 17, daß für jede summierbare Menge S gilt

$$\varphi(S) = \sup \{\varphi(K) : K \in \mathfrak{K} \subseteq S\}.$$

Hieraus folgt, daß zu jeder summierbaren Menge S höchstens abzählbar viele $K_n \in \mathfrak{K} \subseteq S$ existieren, so daß $S - \bigcup_n K_n$ eine Nullmenge ist. Nun ergibt sich auf Grund von Hilfssatz 1 und (77), daß eine Menge $A \subseteq E$ genau dann meßbar ist, wenn $A \cap K$ für jedes $K \in \mathfrak{K}$ meßbar ist. Jetzt folgt Behauptung a) durch Betrachtung der Menge $\{p \geq \alpha\}$ für jedes $\alpha \in R^+$ beziehungsweise der Menge $\{p \neq 0\}$.

Ganz analog liegen auf Grund von Hilfssatz 20 die Verhältnisse bei Behauptung b), wie in [14], 4.3. und 4.4., bereits ausgeführt wurde.

Hilfssatz 23. Sind (E, $\mathfrak{B}$, Φ) und (E, $\mathfrak{B}$, Ψ) BOURBAKI-Integrale, so daß Ψ Φ-stetig ist, dann ist jede Φ-meßbare Funktion auch Ψ-meßbar.

Beweis. (Vergleiche ZAANEN [25], § 31, th. 1, proof (a), und Hilfssatz 18). Zunächst sei $f \geqq 0$ eine Φ-summierbare Funktion. Dann existieren nach Hilfssatz 20 zu jeder natürlichen Zahl n eine wachsend gerichtete Familie $\mathfrak{H}_n$ und eine fallend gerichtete Familie $\mathfrak{K}_n$ aus $\mathfrak{B}^+$, so daß (82) mit $\mathfrak{H} = \mathfrak{H}_n$, $\mathfrak{K} = \mathfrak{K}_n$ und $\epsilon = \frac{1}{n}$ gilt. Es sei $k_n = \inf \mathfrak{K}_n$ und $h_n = \sup \mathfrak{H}_n$. Nach Hilfssatz 19, seinem Korollar und Hilfssatz 21 folgt, daß k_n und h_n Ψ-meßbar und Φ-summierbar sind. Für jede natürliche Zahl n sei

$$k_n' = \sup_{\nu \leqq n} k_\nu \text{ und } h_n' = \inf_{\nu \leqq n} h_\nu .$$

Hiermit sei $k' = \sup\limits_n k_n'$ und $h' = \inf\limits_n h_n'$. Dann sind k' und h' Ψ-meßbar und Φ-summierbar, und es gilt

$$k' \leqq f \leqq h' \text{ sowie } \int (h' - k')d\Phi = 0.$$

Wegen der Φ-Stetigkeit von Ψ folgt, daß $h' - k'$ auch eine Ψ-Nullfunktion ist. Nun folgt, daß f Ψ-meßbar ist.

Jetzt sei $f \geqq 0$ nur als Φ-meßbar vorausgesetzt. Entsprechend Hilfssatz 22 sei $\mathfrak{G} \subseteq \mathfrak{B}^+$ fallend gerichtet. Dann ist nach dem Korollar zu Hilfssatz 19 die Funktion $g_0 = \inf \mathfrak{G}$ Φ-summierbar. Wegen der vorausgesetzten Φ-Meßbarkeit von f folgt für jede natürliche Zahl n, daß die Funktion $h_n = \min(f, n)\chi_S$ auch Φ-summierbar ist, wenn $S = \{g_0 \geqq 1\}$ ist. Nach dem ersten Teil des Beweises ist daher h_n Ψ-meßbar für jedes n, damit aber auch $f\chi_S = \sup\limits_n h_n$. Nach Hilfssatz 22 ist also f Ψ-meßbar.

Für eine ganz beliebige Φ-meßbare Funktion folgt nun die Ψ-Meßbarkeit durch Zerlegung in Positiv- und Negativteil.

Hilfssatz 24. Sind (E, $\mathfrak{B}$, Φ) und (E, $\mathfrak{B}$, Ψ) BOURBAKI-Integrale mit demselben $\mathfrak{B}$, so ist Φ Ψ-stetig genau dann, wenn jede lokale Φ-Nullmenge auch eine lokale Ψ-Nullmenge ist.

Beweis. 1. Jede lokale Φ-Nullmenge sei eine lokale Ψ-Nullmenge.

Behauptung.1. Zu jedem $\epsilon > 0$ existiert ein $\delta > 0$, so daß gilt:

(84) $\Psi(f) < \epsilon$ für jedes $f \in \mathfrak{B}^+$ mit $\Phi(f) < \delta$.

Annahme, Behauptung 1 gilt nicht. Dann existiert ein $\epsilon > 0$, so daß für eine Nullfolge (δ_n) positiver Zahlen zu jedem δ_n ein $f_n \in \mathfrak{B}^+$ existiert, wofür $\Phi(f_n) < \delta_n$, aber $\Psi(f_n) \geq \epsilon$ gilt.

Dann ist $f = \inf f_n$ Φ- und Ψ-summierbar und $\int f\, d\Phi = 0$ sowie $\int f\, d\Psi \geq \epsilon$ gilt. Also existierte in $\alpha > 0$, so daß für $N = \{f > \alpha\}$ gilt $\dot{\psi}(N) > 0$. Andererseits gilt hierfür $\dot{\psi}(N) < \infty$ und $\varphi(N) = 0$. Nach Voraussetzung muß N somit eine lokale Ψ-Nullmenge sein - Widerspruch.

Behauptung 2. Jede Φ-Nullmenge ist eine Ψ-Nullmenge.

Beweis. Es sei N eine Φ-Nullmenge und $\epsilon > 0$ beliebig. Dann gibt es nach Behauptung 1 ein $\delta > 0$, so daß (84) gilt. Nach Hilfssatz 20 existiert eine wachsend gerichtete Familie $\mathfrak{H} \subseteq \mathfrak{B}^+$, so daß $\chi_N \leq \sup \mathfrak{H}$ und $\sup \{\Phi(h) : h \in \mathfrak{H}\} < \delta$ gilt. Nun folgt $\dot{\Psi}(N) < \epsilon$. Weil ϵ beliebig positiv war, ist also N eine Ψ-Nullmenge.

2. Es sei Ψ Φ-stetig und N eine lokale Φ-Nullmenge. Entsprechend Hilfssatz 22 sei $\mathfrak{G} \subseteq \mathfrak{B}^+$ fallend gerichtet und $S = \{\inf \mathfrak{G} \geq 1\}$. Dann ist S nach dem Korollar zu Hilfssatz 19 Φ-summierbar, also $S \cap N$ eine Φ-Nullmenge, somit aber auch eine Ψ-Nullmenge. Nach Hilfssatz 22 ist N also eine lokale Ψ-Nullmenge, was zu zeigen war.

Satz 28. Der zu einem BOURBAKI-Integral gehörige Maßraum besitzt eine Zerlegung.

Der Beweis wurde in [13], Satz 7, erbracht.

Satz 29. Der zu einem BOURBAKI-Integral gehörige Maßraum besitzt ein lineares Lifting und eine starke VITALIsche Ableitungsbasis.

Der Beweis folgt aus den Sätzen 28, 7 und 19.

Satz 30. Für jedes BOURBAKI-Integral und den zugehörigen Maßraum gilt der Satz von RADON-NIKODYM monoton und linear.

Beweis. Es sei $\underline{I}$ ein BOURBAKI-Integral. Aus den Sätzen 11 und 28 folgt, daß für den zu $\underline{I}$ gehörigen Maßraum der Satz von RADON-NIKODYM monoton und linear folgt. Hieraus folgt nun wie im Beweis von Satz 25 für $\underline{I}$ die Behauptung. Dabei ist an Stelle von Hilfssatz 18 der Hilfssatz 23 zu verwenden.

Offen bleibt folgende Frage:

Frage 14. Ist für BOURBAKI-Integrale jede Ableitung positiv, dicht oder regulär?

§ 18. Wesentliches Maß

Definition. Für einen Maßraum $\underline{M} = (E, m, \varphi)$ sei

$$\tilde{\varphi}(M) = \sup \{\varphi(S) : S \in \mathfrak{s} \subseteq M\} \text{ für jedes } M \in m.$$

Dann heißt $\tilde{\varphi}$ das zu φ gehörige wesentliche Maß auf m und $\underline{\tilde{M}} = (E, m, \tilde{\varphi})$ der zu $\underline{M}$ gehörige wesentliche Maßraum [5]. Der Maßraum M heißt wesentlich, wenn $\underline{M} = \underline{\tilde{M}}$ gilt.

Hilfssatz 25. Für einen Maßraum $\underline{M} = (E, m, \varphi)$ gilt:

a) Eine Menge $\tilde{S} \subseteq E$ ist $\tilde{\varphi}$-summierbar genau dann, wenn eine φ-summierbare Menge $S \subseteq \tilde{S}$ existiert, so daß $\tilde{S} - S$ eine lokale φ-Nullmenge ist.

b) Eine Funktion $\tilde{f}$ ist $\tilde{\varphi}$-summierbar genau dann, wenn es eine φ-summierbare Funktion f und eine lokale φ-Nullfunktion f_0 gibt, so daß $\tilde{f} = f + f_0$ gilt. Hierbei können mit $\tilde{f}$ auch f und f_0 als nicht negativ angenommen werden.

c) Folgende Mengensysteme sind identisch: das System der lokalen φ-Nullmengen, das System der $\tilde{\varphi}$-Nullmengen und das System der lokalen $\tilde{\varphi}$-Nullmengen.

d) Der Maßraum $\underline{M}$ ist gleich seiner CARATHEODORYschen Erweiterung genau dann, wenn der Maßraum $\underline{\tilde{M}}$ es ist.

e) Der Maßraum $\underline{M}$ besitzt eine Zerlegung genau dann, wenn der Maßraum $\underline{\tilde{M}}$ eine besitzt.

Beweis. Behauptung a) ist evident. Aus Behauptung a) folgt Behauptung b) unmittelbar für summierbare Treppenfunktionen, damit aber auch schon allgemein. Behauptung c) folgt wieder direkt aus den Definitionen.

---

[5] Daß $\tilde{\varphi}$ ein Maß auf m ist, folgt wie der Beweis für $\mathfrak{f}$ bei Satz 2.

Beweis von Behauptung d). 1. Zunächst sei $\underline{M}$ gleich seiner CARATHÉODORYschen Erweiterung. Dann ist $\underline{M}$ nach Hilfssatz 1 vollständig. Hieraus folgt, wiederum nach Hilfssatz 1, daß auch $\underline{\widetilde{M}}$ vollständig ist. Entsprechend Hilfssatz 1 sei nun $M \subseteq E$, so daß

$$(85) \qquad M \cap \widetilde{S} \in m \quad \text{für jedes } \widetilde{\varphi}\text{-summierbare } \widetilde{S}$$

gilt. Weil jede $\widetilde{\varphi}$-summierbare Menge auch φ-summierbar ist, folgt aus (85) und der Anwendung von Hilfssatz 1 auf $\underline{M}$, daß $M \in m$ gilt. Die Anwendung von Hilfssatz 1 auf $\widetilde{M}$ ergibt nun, daß $\underline{\widetilde{M}}$ gleich seiner CARATHÉODORYschen Erweiterung ist.

2. Nun sei $\underline{\widetilde{M}}$ gleich seiner CARATHÉODORYschen Erweiterung. Nach Hilfssatz 1 ist $\underline{\widetilde{M}}$ vollständig, woraus dasselbe für $\underline{M}$ folgt. Entsprechend Hilfssatz 1 sei weiter $M \subseteq E$, so daß

$$M \cap S \in m \quad \text{für jedes } \varphi\text{-summierbare } S$$

gilt. Um $M \in m$ zu zeigen, genügt es, wie die Anwendung von Hilfssatz 1 auf $\widetilde{M}$ ergibt, zu beweisen, daß (85) gilt.

Es sei $\widetilde{S}$ eine $\widetilde{\varphi}$-summierbare Menge. Nach Behauptung a) existiert dann eine φ-summierbare Teilmenge S von $\widetilde{S}$, so daß $N = \widetilde{S} - S$ eine lokale φ-Nullmenge ist. Nach Voraussetzung gilt $M \cap S \in m$. Nach Behauptung c) ist N auch eine lokale $\widetilde{\varphi}$-Nullmenge. Nun ergibt die Anwendung von Hilfssatz auf $\underline{\widetilde{M}}$, daß $M \cap N \in m$ gilt. Jetzt folgt $M \cap \widetilde{S} \in m$, was zu zeigen war.

Beweis von Behauptung e). Jede Zerlegung für $\underline{M}$ ist offenbar auch eine Zerlegung für $\underline{\widetilde{M}}$. Es sei umgekehrt $\mathfrak{z}$ eine Zerlegung für $\underline{\widetilde{M}}$. Dann existiert nach Behauptung a) für jedes $Z \in \mathfrak{z}$ eine φ-summierbare Menge $Z_1 \subseteq Z$, so daß $Z - Z_1$ eine lokale φ-Nullmenge ist. Nun folgt, daß

$$\mathfrak{z}_1 = \{Z_1 : Z \in \mathfrak{z}\}$$

eine Zerlegung für $\underline{M}$ ist.

Hiermit ist Hilfssatz 25 bewiesen.

<u>Satz 31</u>. Ein Maßraum $\underline{M}$ oder der zugehörige wesentliche Maßraum $\underline{\widetilde{M}}$ sei gleich seiner CARATHÉODORYschen Erweiterung. Dann gelten für $\underline{M}$ die Aussagen des Äquivalenzsatzes 21 genau dann, wenn sie für $\underline{\widetilde{M}}$ gelten.

Der Beweis folgt unmittelbar aus den Behauptungen d) und e) von Hilfssatz 25 und dem Äquivalenzsatz.

Satz 32. Ist $(E, \mathfrak{m}, \varphi)$ ein wesentlicher Maßraum und ψ ein wesentliches Maß auf $\mathfrak{m}$, welches nach φ differenzierbar ist, so ist jede dichte Ableitung von ψ nach φ positiv und regulär.

Der Beweis folgt aus den Sätzen 22 - 24 und aus Behauptung c) von Hilfssatz 25.

Bemerkung. Es sei $(E, \mathfrak{m}, \varphi)$ ein beliebiger Maßraum und ψ ein weiteres Maß auf $\mathfrak{m}$. Dann ist eine Ableitung f von ψ nach φ im allgemeinen keine Ableitung von $\tilde{\psi}$ nach $\tilde{\varphi}$, auch dann nicht, wenn $\tilde{\psi}$ φ-stetig oder f regulär ist. Auch umgekehrt ist eine Ableitung von $\tilde{\psi}$ nach $\tilde{\varphi}$ nicht notwendig eine Ableitung von ψ nach φ, auch dann nicht, wenn ψ φ-stetig ist. Außerdem hat eine Ableitung von ψ nach φ im allgemeinen nicht die (76) entsprechende Eigenschaft, ist also nicht notwendig regulär. Dies zeigte PUPPE an Hand einfacher Beispiele. Vergleiche dagegen die entsprechende Aussage für STONE-Integrale in Satz 33.

Definition. Es sei $\underline{I} = (E, \mathfrak{B}, \Phi)$ ein Integral im Sinne von STONE oder von BOURBAKI. Dann wird unter dem zu $\underline{I}$ gehörigen wesentlichen Integral dasjenige verstanden, welches sich durch Vervollständigung von $\mathfrak{B}$ bezüglich der Halbnorm

$$\tilde{\dot{N}}_\Phi(f) = \sup\{\dot{N}_\Phi(f\chi_S) : S \subseteq E \text{ summierbar im Sinne von } \underline{I}\}$$

ergibt. Die zugehörigen maßtheoretischen Begriffe werden wie für das STONE- oder das BOURBAKI-Integral definiert und durch Vorsetzen von $\tilde{\ }$ gekennzeichnet. Auch die Begriffe der Differentiationstheorie seien ganz in Analogie zu den entsprechenden Begriffen für das STONE- oder das BOURBAKI-Integral verstanden.

Bemerkung. Für ein positives RADONsches Maß Φ stimmt das wesentliche Integral, welche zu dem durch Φ definierten BOURBAKI-Integral gehört, mit dem zu Φ gehörigen wesentlichen Integral im Sinne von BOURBAKI [3], chap. V, überein, das durch die Halbnorm

$$\tilde{\dot{N}}(f) = \sup\{\dot{N}_\Phi(f\chi_K) : K \text{ kompakt}\}$$

definiert ist.

Hilfssatz 26. Für ein Integral $\underline{I} = (E, \mathfrak{B}, \Phi)$ im Sinne von STONE oder BOURBAKI bezeichne φ das zugehörige Maß und $\tilde{\varphi}$ das zu φ gehörige wesentliche Maß. Dann gilt:

a) Eine Funktion $\tilde{f}$ ist $\tilde{\Phi}$-summierbar genau dann, wenn es eine Φ-summierbare Funktion f und eine lokale Φ-Nullfunktion f_0 gibt, so daß $\tilde{f} = f + f_0$ gilt. Hierbei können mit $\tilde{f}$ auch f und f_0 als negativ angenommen werden.

b) Das zu $\underline{I}$ gehörige wesentliche Integral stimmt mit dem zu $\tilde{\varphi}$ gehörigen Integral überein.

c) Folgende Mengensysteme sind identisch: das System der $\tilde{\Phi}$-Nullmengen, das System der lokalen Φ-Nullmengen, das System der lokalen $\tilde{\Phi}$-Nullmengen und das System der lokalen φ-Nullmengen.

d) Folgende Begriffe sind äquivalent: $\tilde{\Phi}$-Meßbarkeit, Φ-Meßbarkeit und φ-Meßbarkeit.

Der Beweis folgt unmittelbar aus Hilfssatz 25, soweit er nicht evident ist.

Satz 33. Sind (E, $\mathfrak{B}$, Φ) und (E, $\mathfrak{B}$, Ψ) STONE-Integrale, so ist jede Ableitung von Ψ nach Φ auch eine Ableitung von Ψ nach $\tilde{\Phi}$ und auch umgekehrt jede Ableitung von $\tilde{\Psi}$ nach $\tilde{\Phi}$ eine Ableitung von Ψ nach Φ.

Beweis. 1. Es sei f eine Ableitung von Ψ nach Φ, und $\tilde{S}$ sei $\tilde{\Phi}$-summierbar, also nach Hilfssatz 25 und Hilfssatz 26:

$\tilde{S} = S \cup N$, wobei S Φ-summierbar und N eine lokale Φ-Nullmenge.

Fall a. $f\chi_{\tilde{S}}$ ist $\tilde{\Phi}$-summierbar. Dann ist auch $f\chi_S$ $\tilde{\Phi}$-summierbar. Wegen der Φ-Summierbarkeit von S folgt, daß $f\chi_S$ Φ-summierbar ist. Weil f eine Ableitung von Ψ nach Φ ist, ergibt sich hieraus:

$$S \text{ ist } \Phi\text{-summierbar und } \psi(S) = \int_S f\, d\Phi = \int_S f\, d\tilde{\Phi},$$

wenn ψ das zu Ψ gehörige Maß bezeichnet. Weil Ψ nach Φ differenzierbar ist, ist Ψ Φ-stetig. Hieraus folgt nach Hilfssatz 24, daß $\tilde{\Psi}$ $\tilde{\Phi}$-stetig ist. Daher ist N auch eine $\tilde{\Psi}$-Nullmenge. Nun folgt:

$$\tilde{S} \text{ ist } \tilde{\Psi}\text{-summierbar und } \tilde{\psi}(\tilde{S}) = \int_{\tilde{S}} f\, d\tilde{\Phi},$$

wenn $\tilde{\psi}$ das zu ψ gehörige wesentliche Maß bezeichnet.

Fall b. Es sei $\tilde{S}$ $\tilde{\Psi}$-summierbar, also

$\tilde{S} = \bar{S} \cup \bar{N}$, wobei $\bar{S}$ Ψ-summierbar und $\bar{N}$ eine lokale Ψ-Nullmenge.

Nach Satz 27 ist f eine dichte Ableitung von Ψ nach Φ. Nun gilt die Aussage von Satz 23 auch für STONE-Integrale. Also hat f die (76) entsprechende Eigenschaft. Daher gilt:

$$f\chi_{\bar{S}} \text{ ist } \Phi\text{-summierbar und } \Psi(\bar{S}) = \int_{\bar{S}} f \, d\Phi .$$

Zu zeigen bleibt, daß $f\chi_{\bar{N}}$ eine lokale Φ-Nullfunktion ist. Entsprechend Hilfssatz 22 sei

$$S_0 = \{\inf g_n \geq 1\}, \text{ wobei } (g_n) \text{ aus } \mathfrak{B}^+ \text{ monoton fallend.}$$

Dann ist S_0 Ψ-summierbar, also $S_0 \cap \bar{N}$ eine Ψ-Nullmenge.

Weil f die (76) entsprechende Eigenschaft hat, folgt, daß $f\chi_{S_0 \cap \bar{N}} = (f\chi_{\bar{N}})\chi_{S_0}$ eine Φ-Nullfunktion ist. Nach Hilfssatz 22 ist also $f\chi_{\bar{N}}$ eine lokale Φ-Nullfunktion. Nun folgt:

$$f\chi_{\tilde{S}} \text{ ist } \tilde{\Phi}\text{-summierbar und } \tilde{\Psi}(\tilde{S}) = \int_{\tilde{S}} f \, d\tilde{\Phi} .$$

Also ist f auch eine Ableitung von $\tilde{\Psi}$ nach $\tilde{\Phi}$.

2. Es sei f eine Ableitung von $\tilde{\Psi}$ nach $\tilde{\Phi}$, und S sei Φ-summierbar.

Fall a. $f\chi_S$ ist Φ-summierbar. Dann ist $f\chi_S$ auch $\tilde{\Phi}$-summierbar. Weil f eine Ableitung von $\tilde{\Psi}$ nach $\tilde{\Phi}$ ist, folgt:

$$S \text{ ist } \Psi\text{-summierbar und } \tilde{\Psi}(S) = \int_S f \, d\tilde{\Phi} = \int_S f \, d\Phi .$$

Weil S Φ-summierbar ist, existiert eine monoton wachsende Folge (g_n) aus $\mathfrak{B}^+$, so daß $\chi_S \leq \sup g_n$ gilt. Weil die g_n alle Ψ-summierbar sind, folgt hieraus, daß eine Folge Ψ-summierbarer Mengen existiert, so daß S in deren Vereinigung enthalten ist. Nun folgt aus der $\tilde{\Psi}$-Summierbarkeit von S, daß S auch Ψ-summierbar ist, woraus $\tilde{\Psi}(S) = \Psi(S)$ folgt.

Fall b. S ist Ψ-summierbar. Dann ist S auch $\tilde{\Psi}$-summierbar. Weil f eine Ableitung von $\tilde{\Psi}$ nach $\tilde{\Phi}$ ist, folgt:

$$f\chi_S \text{ ist } \tilde{\Phi}\text{-summierbar und } \Psi(S) = \tilde{\Psi}(S) = \int_S f \, d\tilde{\Phi} .$$

Wegen der Φ-Summierbarkeit von S folgt aus der $\tilde{\Phi}$-Summierbarkeit von $f\chi_S$, daß diese Funktion auch Φ-summierbar ist. Daher gilt schließlich

$$\int_S f\, d\tilde{\Phi} = \int_S f\, d\Phi.$$

Also ist f auch eine Ableitung von Ψ nach Φ. Hiermit ist Satz 33 bewiesen.

<u>Satz 34</u>. Für das zu einem STONE-Integral $\underline{I}$ gehörige wesentliche Integral gilt der Satz von RADON-NIKODYM genau dann, wenn er für $\underline{I}$ oder für den zu $\underline{I}$ gehörigen Maßraum gilt.

Der Beweis folgt unmittelbar aus den Sätzen 25 und 33 sowie Hilfssatz 24.

Offen bleibt

<u>Frage 15</u>. Gilt für das BOURBAKI-Integral das Analogon zu Satz 33?

<u>Satz 35</u>. Für das zu einem BOURBAKI-Integral gehörige wesentliche Integral gilt der Satz von RADON-NIKODYM monoton und linear.

Beweis. Es sei $\underline{I}$ ein BOURBAKI-Integral und $\underline{J}$ das zu $\underline{I}$ gehörige wesentliche Integral. Der zu $\underline{I}$ gehörige Maßraum $\underline{M}_{\underline{I}}$ besitzt nach Satz 28 eine Zerlegung. Nun ist der zu $\underline{J}$ gehörige Maßraum $\underline{M}_{\underline{J}}$ gleich dem zu $\underline{M}_{\underline{I}}$ gehörigen wesentlichen Maßraum. Daher besitzt nach Hilfssatz 25, e) mit $\underline{M}_{\underline{I}}$ auch $\underline{M}_{\underline{J}}$ eine Zerlegung. Nach Satz 11 gilt daher für $\underline{M}_{\underline{J}}$ der Satz von RADON-NIKODYM monoton und linear. Hieraus folgt, unter Berücksichtigung von Hilfssatz 23, wie im Beweis von Satz 25, daß auch für $\underline{J}$ der Satz von RADON-NIKODYM monoton und linear gilt.

<u>Hilfssatz 27</u>. Ist $(E, \mathfrak{B}, \Phi)$ ein Integral im Sinne von STONE oder von BOURBAKI und $(E, \mathfrak{B}, \Psi)$ ein Integral im gleichen Sinne, so daß $\tilde{\Psi}$ nach $\tilde{\Phi}$ differenzierbar ist, dann ist jede Ableitung von $\tilde{\Psi}$ nach $\tilde{\Phi}$ bis auf eine lokale Φ-Nullmenge endlich [6].

Beweis für den Fall des STONE-Integral. Es sei f eine Ableitung von $\tilde{\Psi}$ nach $\tilde{\Phi}$. Wegen $f \geq 0$ ist zu zeigen, daß $[f = \infty]$ eine lokale

---

[6] Der Satz gilt auch mit Φ statt $\tilde{\Phi}$ und Ψ statt $\tilde{\Psi}$, wie der Beweis zeigt.

Φ-Nullmenge ist. Entsprechend Hilfssatz 22 sei (g_n) eine beliebige monoton fallende Folge aus $\mathfrak{B}^+$. Dann ist $S = \{\inf_n g_n \geq 1\}$ sowohl $\tilde{\Phi}$- als auch $\tilde{\Psi}$-summierbar. Weil f eine Ableitung von Ψ nach Φ ist folgt, daß $f\chi_S$ $\tilde{\Phi}$-summierbar ist und

$$\tilde{\Psi}(S) = \int_S f \, d\tilde{\Phi}$$

gilt. Hieraus folgt, daß $S \cap \{f = \infty\}$ eine $\tilde{\Phi}$-Nullmenge sein muß. Nach Hilfssatz 22 ist also $\{f = \infty\}$ eine lokale $\tilde{\Phi}$-Nullmenge.

Der Beweis für den Fall des BOURBAKI-Integrals kann ganz analog geführt werden, unter Berücksichtigung des Korollars zu Hilfssatz 19.

<u>Hilfssatz 28</u>. Ist $\underline{I} = (E, \mathfrak{B}, \Phi)$ ein Integral im Sinne von STONE oder von BOURBAKI und E' eine bezüglich I summierbare Teilmenge von E, so gilt:

a) Bezeichnet $\mathfrak{B}'$ das System der Einschränkungen aller Funktionen aus $\mathfrak{B}$ auf E' und wird für die Einschränkung f' einer Funktion f aus $\mathfrak{B}$ auf E' gesetzt:

$$\Phi'(f') = \int_{E'} f \, d\Phi,$$

so ist $\underline{I}' = (E', \mathfrak{B}', \Phi')$ ein Integral in demselben Sinne wie $\underline{I}$.

b) Ist $f' \in \overline{\mathbb{R}}^{E'}$ summierbar bezüglich $\underline{I}'$, so ist die Fortsetzung f von f' auf E, welche auf E - E' verschwindet, bezüglich $\underline{I}$ summierbar, und es gilt

(86) $$\int f \, d\Phi = \int f' \, d\Phi'.$$

Beweis von a). Für den Fall des STONE-Integrals ist die Behauptung evident. Es sei also $\underline{I}$ ein BOURBAKI-Integral und $\mathfrak{G}'$ eine wachsend gerichtete Familie aus $\mathfrak{B}'$, so daß $g_0' = \sup \mathfrak{G}'$ in $\mathfrak{B}$ liegt.

Behauptung. $\Phi'(g_0') = \sup \{\Phi'(g) : g \in \mathfrak{G}'\}$.

Beweis. Es existiert ein $g_0 \in \mathfrak{B}$, dessen Einschränkung auf E' gleich g_0' ist. Hiermit sei

$$\mathfrak{G} = \{\min(g_0, g) : g \in \mathfrak{B} \text{ Fortsetzung eines } g' \in \mathfrak{B}'\}.$$

Mit $\mathfrak{G}'$ ist dann auch $\mathfrak{G}$ wachsend gerichtet. Wegen

$$s = \sup\{\Phi(g) : g \in \mathfrak{G}\} \leq \Phi(g_0) < \infty$$

folgt aus Hilfssatz 19, daß $\sup \mathfrak{G}$ Φ-summierbar und

$$\int \sup \mathfrak{G} \, d\Phi = s$$

gilt. Daher ist auch $\sup \mathfrak{G} \, \chi_{E'}$, Φ-summierbar, und offenbar gilt

$$\Phi'(g_0') = \int_{E'} \sup \mathfrak{G} \, d\Phi.$$

Ferner ist mit $\sup \mathfrak{G}$ auch $\sup \mathfrak{G} \, \chi_{E - E'}$ Φ-summierbar. Nun folgt

$$\Phi'(g_0') = s - \int_{E - E'} \sup \mathfrak{G} \, d\Phi \leq s - \sup\{\int_{E - E'} g \, d\Phi : g \in \mathfrak{G}\} \leq$$

$$\leq \sup\{\Phi(\overline{g}) - \sup\{\int_{E - E'} g \, d\Phi : g \in \mathfrak{G}\} \leq$$

$$\leq \sup\{\Phi(g) - \int_{E - E'} g \, d\Phi : g \in \mathfrak{G}\} =$$

$$= \sup\{\int_{E'} g \, d\Phi : g \in \mathfrak{G}\} = \sup\{\Phi'(g') : g' \in \mathfrak{G}'\}.$$

Hieraus folgt die Behauptung und daraus die Stetigkeit von Φ' im Sinne von BOURBAKI.

Beweis von b). Für den Fall des STONE-Integrals ergibt sich die Behauptung unmittelbar aus der Anwendung von Hilfssatz 17 auf $\underline{I}'$. Es sei also $\underline{I}$ ein BOURBAKI-Integral und $f' \in \overline{R}^{E'}$ Φ'-summierbar im Sinne von BOURBAKI. Dann gilt bekanntlich (HAUPT-AUMANN-PAUC [8], Bd. III, 6.2.2.)

$$f' = f_1' + f_0',$$

wobei f_1' Φ'-summierbar im Sinne von STONE und f_0' eine Φ'-Nullfunktion im Sinne von BOURBAKI ist. Die Fortsetzungen von f', f_1' und f_0' auf E, welche auf $E - E'$ verschwinden, seien mit f, f_1 und f_0 bezeichnet. Offenbar ist f_1 Φ-summierbar im Sinne von STONE. Für die Φ-Summierbarkeit von f im Sinne von BOURBAKI und die Gültigkeit von (86) genügt es also, zu zeigen, daß f_0 eine Φ-Nullfunktion im Sinne von BOURBAKI ist.

Behauptung. Jede Φ'-Nullmenge im Sinne von BOURBAKI ist auch eine Φ-Nullmenge im Sinne von BOURBAKI.

Beweis. Es sei N eine Φ'-Nullmenge im Sinne von BOURBAKI und $\epsilon > 0$ beliebig. Dann existiert nach Hilfssatz 20 eine wachsend gerichtete Familie $\mathfrak{H}'$ aus $\mathfrak{B}'^{+}$, so daß gilt

$$\chi_N \leq \sup \mathfrak{H}' \text{ auf } E' \text{ und } \sup \{\Phi'(h') : h' \in \mathfrak{H}'\} < \frac{\epsilon}{2}.$$

Weil E' Φ-summierbar im Sinne von BOURBAKI ist, existieren nach Hilfssatz 20 eine wachsend gerichtete Familie $\mathfrak{H}$ und eine fallend gerichtete Familie $\mathfrak{K}$ aus $\mathfrak{B}^{+}$, so daß für

$$k_o = \inf \mathfrak{K} \text{ und } h_o = \sup \mathfrak{H}$$

gilt

$$k_o \leq \chi_{E'} \leq h_o, \; k_o \text{ und } h_o \text{ sind } \Phi\text{-summierbar im Sinne}$$

$$\text{von BOURBAKI und } \int (h_o - k_o)\, d\Phi < \frac{\epsilon}{2}.$$

Es sei

$$\mathfrak{H}^* = \{\min(h,h_1) : h \in \mathfrak{H},\; h_1 \in \mathfrak{B}^{+} \text{ Fortsetzung eines } h' \in \mathfrak{H}' \text{ auf } E\}.$$

Mit $\mathfrak{H}$ und $\mathfrak{H}'$ ist auch $\mathfrak{H}^*$ wachsend gerichtet, und für $h_o^* = \sup \mathfrak{H}^*$ gilt

$$\chi_N \leq h_o^*.$$

Behauptung $s^* = \sup \{\Phi(h) : h \in \mathfrak{H}^*\} < \epsilon$.

Beweis. Für jedes $h \in \mathfrak{H}$ bezeichne h' die Einschränkung auf E'. Dann gilt für jedes $h \in \mathfrak{H}$:

$$h\chi_{E'} \text{ und } h\chi_{E-E'} \text{ sind } \Phi\text{-summierbar im Sinne von}$$

$$\text{BOURBAKI und } \Phi(h) = \Phi'(h') + \int_{E-E'} h\, d\Phi.$$

Es folgt

$$s^* \leq \sup \{\Phi'(h') : h \in \mathfrak{H}^*\} + \sup \{\int_{E-E'} h\, d\Phi : h \in \mathfrak{H}^*\} \leq$$

$$\leq \sup \{\Phi'(h') : h \in \mathfrak{H}'\} + \sup \{\int_{E-E'} h\, d\Phi : h \in \mathfrak{H}^*\} <$$

$$< \frac{\epsilon}{2} + \sup \{\int_{E-E'} h\, d\Phi : h \in \mathfrak{H}^*\}.$$

Weil

$$\sup \{\Phi(h) : h \in \mathfrak{H}^*\} \leq \int h_0 \, d\Phi < \infty,$$

ist h_0^* Φ-summierbar im Sinne von BOURBAKI und damit auch $h_0^* \chi_{E - E'}$, ferner mit k_0 und h_0 auch $k_0 \chi_{E'}$, $k_0 \chi_{E - E'}$, $h_0 \chi_{E'}$ und $h_0 \chi_{E - E'}$. Weil $h_0^* \leq h_0$, $k_0 \leq h_0$ und $k_0 = 0$ auf $E - E'$, folgt

$$\int_{E - E'} h_0^* \, d\Phi \leq \int_{E - E'} h_0 \, d\Phi + (\int_{E'} h_0 \, d\Phi - \int_{E'} k_0 \, d\Phi) \leq$$

$$\leq \int h_0 \, d\Phi - \int k_0 \, d\Phi < \frac{\epsilon}{2}.$$

Also gilt $s^* < \epsilon$. Weil ϵ beliebig positiv war, folgt, daß N eine Φ-Nullmenge im Sinne von BOURBAKI ist.

Hiermit ist Hilfssatz 28 bewiesen.

<u>Hilfssatz 29</u>. Für ein BOURBAKI-Integral $(E, \mathfrak{B}, \Phi)$ sei die Funktion $f \in \overline{R}^{E+}$ meßbar und bis auf eine lokale Nullmenge endlich.

Behauptung a). Ist $\mathfrak{K}$ eine fallend gerichtete Familie aus $\mathfrak{B}^+$, so daß

(87) $\qquad fk$ summierbar für jedes $k \in \mathfrak{K}$,

dann gilt für $k_0 = \inf \mathfrak{K}$ und $i = \inf \{\int fk \, d\Phi : k \in \mathfrak{K}\}$

fk_0 ist summierbar und $\int fk_0 \, d\Phi = i$.

Behauptung b). Ist $\mathfrak{H}$ eine wachsend gerichtete Familie aus $\mathfrak{B}^+$, so daß

(88) $\qquad fh$ summierbar für jedes $h \in \mathfrak{H}$ und $\sup \{\int fh \, d\Phi : h \in \mathfrak{H}\} < \infty$,

dann gilt für $h_0 = \sup \mathfrak{H}$ und jede summierbare Menge S

$fh_0 \chi_S$ ist summierbar und

(89) $$\int_S fh_0 \, d\Phi = \inf \{\int_S fh \, d\Phi : h \in \mathfrak{H}\}$$

Beweis von Behauptung a). Nach dem Korollar zu Hilfssatz 19 ist k_0 summierbar, und es gilt

$$\int k_0 \, d\Phi = i_0, \text{ wobei } i_0 = \inf \{\int k \, d\Phi : k \in \mathfrak{K}\}.$$

Aus der Summierbarkeit von k_0, der Meßbarkeit und der Nichtnegativität von f sowie der Voraussetzung (86) folgt, daß fk_o summierbar ist. Offenbar gilt

$$\int fk_o \, d\Phi \leq i.$$

Nun sei zunächst angenommen, daß f eine charakteristische Funktion, etwa $f = \chi_M$, ist. Dann folgt

$$\int_M k_o \, d\Phi = i_o - \int_{E-M} k_o \, d\Phi \geq i_o - \inf \{\int_{E-m} k' \, d\Phi : k' \in \mathfrak{K}\} \geq$$

$$\geq \inf \{\int k \, d\Phi - \inf \{\int_{E-M} k' \, d\Phi : k' \in \mathfrak{K}\} : k \in \mathfrak{K}\} \geq$$

$$\geq \inf \{\int_M k \, d\Phi : k \in \mathfrak{K}\} = i.$$

Jetzt sei f beliebig. Für jede natürliche Zahl n wird

$$m(n) = n2^n - 1$$

gesetzt, und für jede natürliche Zahl μ mit $0 \leq \mu \leq m(n)$ sei

$$M(n,\mu) = \{ \frac{\mu}{2^n} \leq f < \frac{\mu+1}{2^n} \}.$$

Für jede natürliche Zahl n sei schließlich

$$f_n = \sum_{\mu=0}^{m(n)} \frac{\mu+1}{2^n} \chi_{M(n,\mu)}.$$

Dann gilt $f_n \geq f_{n+1}$ und, weil f nach Voraussetzung bis auf eine lokale Nullmenge endlich ist:

$$\inf_n f_n = f \text{ bis auf eine lokale Nullmenge.}$$

Wegen der Summierbarkeit von $k_o f$ folgt hieraus

(90) $k_o f_n \geq k_o f_{n+1}$ und $\inf_n k_o f_n = k_o f$ bis auf eine Nullmenge.

Nach dem ersten Teil des Beweises folgt, daß für jedes n gilt

$$\int k_o f_n \, d\Phi = \sum_{\mu=0}^{m(n)} \frac{\mu+1}{2^n} \inf \{\int_{M(n,\mu)} k \, d\Phi : k \in \mathfrak{K}\}.$$

Hieraus, und weil $\mathfrak{K}$ fallend gerichtet ist, folgt, daß (89) mit f_n statt f für jedes n gilt. Jetzt folgt, daß

$$\int k_o f\, d\Phi \leq \inf \{\int kf\, d\Phi : k\in\mathfrak{K}\} \leq$$

$$\leq \inf \{\int kf_n d\Phi : k\in\mathfrak{K}\} = \int k_o f_n\, d\Phi$$

für jedes n gilt. Wegen (90) gilt aber $\int k_o f\, d\Phi = \inf\limits_n \int k_o f_n\, d\Phi$. Hiermit ist (89) und damit Behauptung a) bewiesen.

Beweis von Behauptung b). Die Familie $\mathfrak{H}$ aus $\mathfrak{K}^+$ erfülle die Voraussetzungen von b), und S sei eine Φ-summierbare Menge. Zunächst sei f wieder als charakteristische Funktion, also $f = \chi_M$, angenommen. Nun wird Hilfssatz 28 auf $E' = M \cap S$ angewendet. Mit den dortigen Bezeichnungen gilt dann: Wegen (88) und Hilfssatz 19 ist die Einschränkung f' von fh_o auf E' Φ'-summierbar. Nach Hilfssatz 28 ist daher $fh_o\chi_S$ Φ-summierbar und

$$\int_S fh_o\, d\Phi = \int f'\, d\Phi'$$

gilt. Die nochmalige Anwendung von Hilfssatz 19 auf f' ergibt, daß (89) gilt.

Für beliebiges f folgt nun die Behauptung ähnlich wie der Beweis von Behauptung a). Nur sind an Stelle der f_n die Funktionen

$$\sum_{\mu=0}^{m(n)} \frac{\mu}{2^n} \chi_{M(n,\mu)}$$

zu betrachten. Hiermit ist Hilfssatz 29 bewiesen.

<u>Satz 36.</u> Es sei $(E, \mathfrak{B}, \Phi)$ ein Integral im Sinne von STONE oder von BOURBAKI und $(E, \mathfrak{B}, \Psi)$ ein Integral in dem gleichen Sinne, so daß $\tilde{\Psi}$ nach $\tilde{\Phi}$ differenzierbar ist. Dann ist jede Ableitung von $\tilde{\Psi}$ nach $\tilde{\Phi}$ regulär.

Beweis für den Fall des BOURBAKI-Integrals. Es sei f eine Ableitung von $\tilde{\Psi}$ nach $\tilde{\Phi}$.

Behauptung 1. f erfüllt die (75) entsprechende Bedingung.

Beweis. Es sei $\tilde{g} \geq 0$ Ψ-summierbar, also $\tilde{g} = g + g_o$, wobei $g \geq 0$ Ψ-summierbar und $g_o \geq 0$ eine lokale Ψ-Nullfunktion ist. Nach Hilfssatz 20 existiert zu jeder natürlichen Zahl n eine fallend gerichtete Familie $\mathfrak{K}_n$ aus $\mathfrak{B}^+$, so daß für $k_n = \inf \mathfrak{K}_n$ gilt

(91) $\quad k_n \leqq g$ und $\int(g - k_n)d\Psi < \frac{1}{n}$.

Für jede natürliche Zahl n sei

$$\mathfrak{K}_n^* = \{\max(k^1,\ldots,k^n) : k^\nu \in \mathfrak{K}_\nu \text{ beliebig für } \nu=1,\ldots,n\}.$$

Mit den $\mathfrak{K}_n$ sind auch die $\mathfrak{K}_n^*$ fallend gerichtete Familien aus $\mathfrak{B}^+$, und für $k_n^* = \inf \mathfrak{K}_n^*$ gilt

$$k_n^* \leqq k_{n+1}^* \leqq g, \ \int(g - k_n^*)d\Psi < \frac{1}{n}.$$

Es seien n und $k \in \mathfrak{K}_n^*$ beliebig. Weil k $\tilde{\Phi}$- und $\tilde{\Psi}$-summierbar und f eine Ableitung von $\tilde{\Psi}$ nach $\tilde{\Phi}$ ist, folgt

$$fk \text{ ist } \tilde{\Phi}\text{-summierbar und } \int fk\, d\tilde{\Phi} = \int k\, d\tilde{\Psi}.$$

Weil k auch Φ- und Ψ-summierbar ist, folgt hieraus

$$fk \text{ ist } \Phi\text{-summierbar und } \int fk\, d\Phi = \int k\, d\Psi.$$

Als Ableitung von $\tilde{\Psi}$ nach $\tilde{\Phi}$ ist f nach Hilfssatz 27 bis auf eine lokale Φ-Nullmenge endlich.

Nun sei n weiter beliebig. Dann ist auf f und $\mathfrak{K}_n^*$ also Hilfssatz 29 anwendbar und ergibt, daß fk_n^* Φ-summierbar ist und

(92) $$\int fk_n^*\, d\Phi = \inf \{\int fk\, d\Phi : k \in \mathfrak{K}_n^*\} = = \inf \{\int k\, d\Psi : k \in \mathfrak{K}_n^*\} = \int k_n^*\, d\Psi$$

gilt, letzteres nach dem Korollar zu Hilfssatz 19. Jetzt folgt

$$\sup_n \int fk_n^*\, d\Phi = \sup_n \int k_n^*\, d\Psi \leqq \int g\, d\Psi < \infty.$$

Weil die Folgen (k_n^*) und (fk_n^*) monoton wachsend sind, folgt für $g^* = \sup_n k_n^*$, daß gilt

g^* ist Ψ-summierbar, fg^* ist Φ-summierbar und $\int g^* d\Psi = \int fg^* d\Phi$.

Mit der Folge (k_n) konvergiert auch die Folge (k_n^*) bezüglich der Halbnorm $\hat{N}_\Psi$ gegen g. Daher gilt

$$\int g^*\, d\Psi = \int g\, d\Psi = \int g^*\, d\tilde{\Psi}.$$

Für die Behauptung

(93) $$f\tilde{g} \text{ ist } \tilde{\Phi}\text{-summierbar und } \int f\tilde{g}\, d\tilde{\Phi} = \int \tilde{g}\, d\tilde{\Psi}$$

genügt es also, zu zeigen, daß gilt

$$f\tilde{g} \text{ ist } \tilde{\Phi}\text{-meßbar und } N = \{f\tilde{g} \neq fg^*\} \text{ ist eine } \Phi\text{-Nullmenge.}$$

Beweis der $\tilde{\Phi}$-Meßbarkeit von $f\tilde{g}$. Diese ist äquivalent mit der Φ-Meßbarkeit von $f\tilde{g}$. Es gilt

$$f\tilde{g} = fg + fg_0.$$

Beweis der Φ-Meßbarkeit von fg. Weil g Ψ-summierbar ist, gibt es nach Hilfssatz 20 gür jede natürliche Zahl n eine wachsend gerichtete Familie $\mathfrak{H}_n$ aus $\mathfrak{B}^+$, so daß $h_n = \sup \mathfrak{H}_n$ Φ-summierbar und

(94) $$g \leqq h_n \quad \text{und} \quad \int (h_n - g)d\Psi < \frac{1}{n}.$$

Entsprechend Hilfssatz 22 sei $\mathfrak{G}$ eine beliebige fallend gerichtete Familie aus $\mathfrak{B}^+$ und $S = \{\inf \mathfrak{G} \geqq 1\}$.

Zwischenbehauptung. Für jedes n ist $fh_n\chi_S$ Φ-summierbar, $h_n\chi_S$ Ψ-summierbar und

(95) $$\int_S fh_n\, d\Phi = \int_S h_n\, d\Psi.$$

Beweis. Es sei n beliebig. Weil jedes $n \in \mathfrak{H}_n$ Φ- und Ψ-summierbar ist, folgt hierfür, wie vorher das Entsprechende für $\mathfrak{K}_n$, daß gilt

$$fn \text{ ist } \Phi\text{-summierbar und } \int fh\, d\Phi = \int h\, d\Psi.$$

Nun folgt

$$\sup \{\int fn\, d\Phi : h \in \mathfrak{H}\} \leqq \int h_n\, d\Psi < \infty.$$

Weil S Φ-summierbar ist, kann auf f, $\mathfrak{H}_n$ und S also Hilfssatz 29 angewendet werden und ergibt, daß $fh_n\chi_S$ Φ-summierbar ist und

$$\int_S fh_n\, d\Phi = \sup \{\int_S fh\, d\Phi : h \in \mathfrak{H}_n\}$$

gilt. Ebenso ist Hilfssatz 29 auf f = 1, $\mathfrak{H}_n$ und S bezüglich Ψ anwendbar und ergibt

$$\int_S h_n\, d\Psi = \sup \{\int_S h\, d\Psi : h \in \mathfrak{H}_n\}.$$

Hiermit ist (95) bewiesen.

Nun folgt aus (91), (92), (93) und (95), daß

$$\int_S fh_n\, d\Phi - \int_S fk_n\, d\Phi < \frac{2}{n}$$

gilt. Weil

$$fk_n\chi_S \leqq fg\chi_S \leqq fh_n\chi_S$$

gilt und n beliebig war, folgt nun daß mit den $fk_n\chi_S$ und $fh_n\chi_S$ auch $fg\chi_S$ Φ-summierbar ist. Nach Hilfssatz 22 ist daher fg auch Φ-meßbar.

Beweis der Φ-Meßbarkeit von fg_0. Entsprechend Hilfssatz 22 sei wieder $S = \{\inf \mathfrak{G} \geqq 1\}$, wobei $\mathfrak{G} \subseteq \mathfrak{B}^+$ fallend gerichtet ist. Dann ist S Ψ-summierbar. Hieraus folgt, ebenso wie die Φ-Meßbarkeit von fg (mit $g_0\chi_S$ statt g), die Φ-Meßbarkeit von $fg_0\chi_S$. Aus Hilfssatz 22 folgt also die Behauptung.

Behauptung. $N = \{f\tilde{g} \neq fg^*\}$ ist eine lokale Φ-Nullmenge.

Beweis. Es gilt

$$N \subseteq \{fg \neq fg^*\} \cup \{fg_0 \neq 0\}.$$

Zunächst wird gezeigt, daß $\{fg_0 \neq 0\}$ eine lokale Φ-Nullmenge ist. Wegen der Φ-Meßbarkeit von fg_0 folgt aus der Annahme des Gegenteils die Existenz einer Φ-summierbaren Teilmenge S dieser Menge, so daß S positives Φ-Maß hat. Nach Hilfssatz 20 gibt es dann eine fallend gerichtete Familie $\mathfrak{K}$ aus $\mathfrak{B}^+$, so daß

$$\inf \mathfrak{K} \leqq \chi_S \text{ und } \int \inf \mathfrak{K}\, d\Phi > 0$$

gilt. Daher existiert eine positive Zahl δ, so daß die Menge

$$S' = \{\inf \mathfrak{K} > \delta\}$$

positives Φ-Maß hat. Weil S' in der $\tilde{\Psi}$-Nullmenge $\{g_0 \neq 0\}$ enthalten ist, ist auch S' eine $\tilde{\Psi}$-Nullmenge. Weil f Ableitung von $\tilde{\Psi}$ nach $\tilde{\Phi}$ ist, folgt, daß $f\chi_{S'}$ eine $\tilde{\Phi}$-Nullfunktion ist. Wegen der Φ-Summierbarkeit von S' folgt hieraus, daß $f\chi_{S'}$ eine Φ-Nullfunktion ist.

Weil f auf S' nicht verschwindet, also positiv ist, und S' positives Φ-Maß besitzt, muß andererseits

$$\int_{S'} f\, d\Phi > 0$$

gelten, im Widerspruch zu dem gerade Bewiesenen. Also muß $\{fg \neq 0\}$ eine lokale Φ-Nullmenge sein.

Nun wird gezeigt, daß $\{fg \neq fg^*\}$ eine lokale Φ-Nullmenge ist. Wegen der Φ-Meßbarkeit von fg und fg^* genügt es, zu zeigen, daß jede Φ-summierbare Teilmenge dieser Menge eine Φ-Nullmenge ist. Es sei S eine beliebige Menge dieser Art. Dann ist S in $\{g \neq g^*\}$ enthalten. Weil die Folge (k_n^*) im Sinne der $\tilde{\Psi}$-Halbnorm sowohl gegen g als auch gegen g^* konvergiert, ist $\{g \neq g^*\}$ eine $\tilde{\Psi}$-Nullmenge, damit S ebenfalls. Hieraus folgt, wie oben für S', daß $f\chi_S$ eine $\tilde{\Phi}$-Nullfunktion ist. Daher sind auch $fg\chi_S$ und $fg^*\chi_S$ $\tilde{\Phi}$-Nullfunktionen. Nun gilt

$$S = S \cap \{fg \neq fg^*\} \subseteq (S \cap \{fg \neq 0\}) \cup (S \cap \{fg^* \neq 0\}).$$

Daher ist S eine $\tilde{\Phi}$-Nullmenge, also, weil Φ-summierbar, auch eine Φ-Nullmenge, was zu zeigen war.

Hiermit ist (93) und damit Behauptung 1 bewiesen.

Behauptung 2. f erfüllt die (76) entsprechende Bedingung.

Beweis. Zunächst folgt aus Hilfssatz 23, daß $\{f \leq 0\}$ Ψ-meßbar ist. Nun folgt aus Behauptung 1 (indirekt), daß diese Menge eine lokale Ψ-Nullmenge, also eine $\tilde{\Psi}$-Nullmenge ist. Somit ist f eine positive Ableitung von $\tilde{\Psi}$ nach $\tilde{\Phi}$. Hieraus folgt, wie im Beweis von Satz 22, daß f die (76) entsprechende Bedingung (mit $\tilde{\Phi}$ statt Φ und $\tilde{\Psi}$ statt Ψ) erfüllt.

Hiermit ist der Satz für den Fall des BOURBAKI-Integrals bewiesen. Für den Fall des STONE-Integrals kann der Beweis (mit Hilfssatz 17 statt Hilfssatz 20 und mit dem Analogon zu Hilfssatz 29) ganz analog geführt werden.

Literaturverzeichnis

[1] G. AUMANN — Reelle Funktionen, Berlin 1954.

[2] H. BAUER — Sur l'équivalence des théories de l'intégration selon N. Bourbaki et selon M.H. Stone. Bull. Soc. Math. 85, 51 - 75 (1957).

[3] N. BOURBAKI — Intégration, chap. I - IV, Paris 1952; chap. V, Paris 1956; chap. VI, Paris 1959.

[4] J. DIEUDONNÉ — Sur le théorème de Lebesgue-Nikodym (III). Ann. Univ. Grenoble 23, 25 - 53 (1948).

[5] " " — Sur le théorème de Lebesgue-Nikodym (IV). Indian J. Math. Soc. 15, 77 - 86 (1951).

[6] N. DINCULEANU — Vector measures, Berlin 1966.

[7] P.R. HALMOS — Measure theory, New York 1955.

[8] O. HAUPT - G. AUMANN - CHR. PAUC — Differential- und Integralrechnung Bd. I. Berlin 1948, Bd. III; Berlin 1955.

[9] A. IONESCU TULCEA - C. IONESCU TULCEA — On the lifting property I. J. Math. Analysis and Appl. 3, 537 - 546 (1961).

[10] " " — On the lifting property II. J. Math. Mech. 11, 773 - 796 (1962).

[11] J.L. KELLEY — Decomposition and representation theorems in measure theory. Math. Ann. 163, 89 - 94 (1966).

[12] D. KÖLZOW — Charakterisierung der Maße, welche zu einem Integral im Sinne von Stone oder von Bourbaki gehören. Archiv d. Math. 16, 200 - 207 (1965).

[13] " " — Adaptions- und Zerlegungseigenschaften von Maßen. Math. Zeitschr. 94, 309 - 321 (1966).

[14] " " — Topologische Eigenschaften des abstrakten Integrals im Sinne von Bourbaki, Archiv d. Math. 17, 244 - 252 (1966).

[15] H. LEPTIN Zur Reduktionstheorie Hilbertscher Räume. Math. Zeitschr. 69, 40 - 58 (1958).

[16] D. MAHARAM On a theorem of von Neumann. Proc. Amer. Math. Soc. 9, 987 - 994 (1958).

[17] E.J. McSHANE Remark concerning integration. Proc. Nat. Acad. Sci. USA 35, 168 - 182 (1949).

[18] J. von NEUMANN Algebraische Repräsentanten der Funktionen "bis auf eine Menge vom Maße Null". J. Crelle 165, 109 - 115 (1931).

[19] " " - M.H. STONE The determination of representative elements in the residual classes of a Boolean algebra. Fund. Math. 25, 353 - 278 (1935).

[20] R. de POSSEL Sur la dérivation abstraite des fonctions d'ensemble. J. d. Math. pures et appl. 15, 391 - 409 (1936).

[21] R. RYAN Representative sets and direct sums. Proc. Amer. Math. Soc. 15, 387 - 390 (1964).

[22] S. SAKS Theory of the integral, Warsaw 1937.

[23] I.G. SEGAL Equivalence of measure spaces. Amer. J. Math. 73, 275 - 313 (1951).

[24] A.C. ZAANEN The Radon-Nikodym theorem I, II. Indagat. Math. 23, 156 - 170, 171 - 187 (1961).

[25] " " An introduction to the theory of integration, Amsterdam 1958.

Weitere Literatur:

E.M. ALFSEN — Some covering theorems of Vitali type. Math. Ann. 159, 203 - 216 (1965).

W.W. COMFORT - H. GORDON — Vitali's theorem for invariant measures. Transact. Amer. Math. Soc. 99, 83 - 90 (1961).

W.F. DONOGHUE JR. — On the lifting property. Proc. Amer. Math. Soc. 16, 913 - 914 (1965).

J.M.G. FELL — A note on abstract measure spaces. Pacific J. Math. 6, 43 - 45 (1956).

P.A. FILLMORE — On topology induced by measure. Proc. Amer. Math. Soc. 17, 848 - 857 (1966).

C.A. HAYES - Chr. PAUC — Full induvidual and class differentiation theorems and their relations to Halo and Vitali properties. Canadian J. Math. 7, 221 - 274 (1955).

C.A. HAYES — A condition of Halo type for the differentiation of classes of integrals. Canadian J. Math. 18, 1015 - 1023 (1966).

A. IONESCU-TULCEA - C. IONESCU-TULCEA — On the lifting property III. Bull. Amer. Math. Soc. 70, 193 - 197 (1964).

" " — On the lifting property IV. Disintegration of measures. Ann. Inst. Fourier (Grenoble) 14, 445 - 472 (1964).

A. IONESCU-TULCEA — On the lifting property V. Ann. Math. Statist. 36, 819 - 828 (1965).

C. IONESCU-TULCEA — On the lifting property and disintegration of measures. Bull. Amer. Math. Soc. 71, 829 - 842 (1965).

C. IONESCU-TULCEA — Sur certains endomorphismes de $L_C^{\infty}(Z,\mu)$. C.r. Acad. Sci. Paris 261, 4961 - 4963 (1965).

A. IONESCU-TULCEA — Sur le relèvement fort et la integration des mesures. C.R. Sci. Paris 262, 617 - 618 (1966).

S. JOHANSEN — The discriptive approach to the derivative of a set function with respect to a σ-lattice. Pacific J. Math. 21, 49 - 58 (1967).

K. KRICKEBERG - Chr. PAUC — Martingales et dérivation. Bull. Soc. Math. France 91, 455 - 543 (1963).

N.F.G. MARTIN — Lebesgue density as a set function. Pacific J. Math. 11, 699 - 704 (1961).

E.J. MC SHANE — Linear functionals on certain Banach spaces. Proc. Amer. Math. Soc. 1, 402 - 408 (1950).

A.P. MORSE — A theory of covering and differentiations. Transact. Amer. Math. Soc. 55, 205 - 235 (1944).

Chr. PAUC — Ableitungsbasen, Prätopologie und starker Vitalischer Satz. J. Crelle 191, 69 - 91 (1953).

J. SCHWARTZ — A note on the space L_p^*. Proc. Amer. Math. Soc. 2, 270 - 275 (1951).

Offsetdruck: Julius Beltz, Weinheim/Bergstr.

Lecture Notes in Mathematics

Bisher erschienen/Already published

Vol. 1: J. Wermer, Seminar über Funktionen-Algebren. IV, 30 Seiten. 1964. DM 3,80 / $ 0.95

Vol. 2: A. Borel, Cohomologie des espaces localement compacts d'après J. Leray. IV, 93 pages. 1964. DM 9,– / $ 2.25

Vol. 3: J. F. Adams, Stable Homotopy Theory. 2nd. revised edition. IV, 78 pages. 1966. DM 7,80 / $ 1.95

Vol. 4: M. Arkowitz and C. R. Curjel, Groups of Homotopy Classes. 2nd. revised edition. IV, 36 pages. 1967. DM 4,80 / $ 1.20

Vol. 5: J.-P. Serre, Cohomologie Galoisienne. Troisième édition. VIII, 214 pages. 1965. DM 18,– / $ 4.50

Vol. 6: H. Hermes, Eine Termlogik mit Auswahloperator. IV, 42 Seiten. 1965. DM 5,80 / $ 1.45

Vol. 7: Ph. Tondeur, Introduction to Lie Groups and Transformation Groups. VIII, 176 pages. 1965. DM 13,50 / $ 3.40

Vol. 8: G. Fichera, Linear Elliptic Differential Systems and Eigenvalue Problems. IV, 176 pages. 1965. DM 13.50 / $ 3.40

Vol. 9: P. L. Ivănescu, Pseudo-Boolean Programming and Applications. IV, 50 pages. 1965. DM 4,80 / $ 1.20

Vol. 10: H. Lüneburg, Die Suzukigruppen und ihre Geometrien. VI, 111 Seiten. 1965. DM 8,– / $ 2.00

Vol. 11: J.-P. Serre, Algèbre Locale. Multiplicités. Rédigé par P. Gabriel. Seconde édition. VIII, 192 pages. 1965. DM 12,– / $ 3.00

Vol. 12: A. Dold, Halbexakte Homotopiefunktoren. II, 157 Seiten. 1966. DM 12,– / $ 3.00

Vol. 13: E. Thomas, Seminar on Fiber Spaces. IV, 45 pages. 1966. DM 4,80 / $ 1.20

Vol. 14: H. Werner, Vorlesung über Approximationstheorie. IV, 184 Seiten und 12 Seiten Anhang. 1966. DM 14,– / $ 3.50

Vol. 15: F. Oort, Commutative Group Schemes. VI, 133 pages. 1966. DM 9,80 / $ 2.45

Vol. 16: J. Pfanzagl and W. Pierlo, Compact Systems of Sets. IV, 48 pages. 1966. DM 5,80 / $ 1.45

Vol. 17: C. Müller, Spherical Harmonics. IV. 46 pages. 1966. DM 5,– / $ 1.25

Vol. 18: H.-B. Brinkmann und D. Puppe, Kategorien und Funktoren. XII, 107 Seiten. 1966. DM 8,– / $ 2.00

Vol. 19: G. Stolzenberg, Volumes, Limits and Extensions of Analytic Varieties. IV, 45 pages. 1966. DM 5,40 / $ 1.35

Vol. 20: R. Hartshorne, Residues and Duality. VIII, 423 pages. 1966. DM 20,– / $ 5.00

Vol. 21: Seminar on Complex Multiplication. By A. Borel, S. Chowla, C. S. Herz, K. Iwasawa, J-P. Serre. IV, 102 pages. 1966. DM 8,– / $ 2.00

Vol. 22: H. Bauer, Harmonische Räume und ihre Potentialtheorie. IV, 175 Seiten. 1966. DM 14,– / $ 3.50

Vol. 23: P. L. Ivănescu and S. Rudeanu, Pseudo-Boolean Methods for Bivalent Programming. 120 pages. 1966. DM 10,– / $ 2.50

Vol. 24: J. Lambek, Completions of Categories. IV, 69 pages. 1966. DM 6,80 / $ 1.70

Vol. 25: R. Narasimhan, Introduction to the Theory of Analytic Spaces. IV, 143 pages. 1966. DM 10,– / $ 2.50

Vol. 26: P.-A. Meyer, Processus de Markov. IV, 190 pages. 1967. DM 15,– / $ 3.75

Vol. 27: H. P. Künzi und S. T. Tan, Lineare Optimierung großer Systeme. VI, 121 Seiten. 1966. DM 12,– / $ 3.00

Vol. 28: P. E. Conner and E. E. Floyd, The Relation of Cobordism to K-Theories. VIII, 112 pages. 1966. DM 9.80 / $ 2.45

Vol. 29: K. Chandrasekharan, Einführung in die Analytische Zahlentheorie. VI, 199 Seiten. 1966. DM 16.80 / $ 4.20

Vol. 30: A. Frölicher and W. Bucher, Calculus in Vector Spaces without Norm. X, 146 pages. 1966. DM 12,– / $ 3.00

Bitte wenden / Continued